全国高等院校统编教材·设计学类专业

4

空间设计手绘表现图解析

（第2版）

Analysis Of Handpainted Sketches For Space-Design

左铁峰　余汇芸　李　明／著

海洋出版社

2013年·北京

内容简介

作为空间设计者传递设计信息的语言，手绘表述是设计者将初步形成的想法以简单快捷的方法表现出来的最直接途径，是设计人员必备与必需的语言。

主要内容：作为一种建立于绘画、绘图技能基础上的设计表述形式，本书以“手绘表述”与“设计认知学”的学理角度，通过理论阐释与实践操作的良性互动方式，诠释和剖析空间设计手绘表现图的内涵、特质及其实践方法论，以此架构该项知识理性与感性的双重认知，达成手绘表述能力掌握之目的。

本书特点：紧密围绕2012年教育部修订的最新《专业目录与介绍》，采用“理论指导实践”的编写思路进行编写。随书光盘收录了重要技法示范光盘。

读者对象：适合高等院校景观设计、产品设计专业学生使用。

为方便任课老师制作多媒体教案，可免费寄赠本教材的所有插图。

请任课老师填写本教材最后的配套插图索取表，并发送到信箱 zhybook@sina.com

图书在版编目(CIP)数据

空间设计手绘表现图解析/左铁峰，余汇芸，李明著.—2版.—北京：海洋出版社，2014.1
ISBN 978-7-5027-8726-4

Ⅰ.①空…　Ⅱ.①左…②余…③李…　Ⅲ.①空间—建筑设计—技法（美术）—高等学校—教材　Ⅳ.①TU204

中国版本图书馆CIP数据核字（2013）第264192号

总　策　划：邹华跃
责任编辑：张鹤凌
责任校对：肖新民
责任印制：赵麟苏
排　　版：申　彪
出版发行：海洋出版社
地　　址：北京市海淀区大慧寺路8号（707房间）100081
经　　销：新华书店
技术支持：（010）62100059

发　行　部：（010）62174379（传真）（010）62132549
（010）68038093（邮购）（010）62100077
网　　址：www.oceanpress.com.cn
承　　印：北京旺都印务有限公司印刷
版　　次：2014年1月第1版
2014年1月第1次印刷
开　　本：880mm×1230mm　1/16
印　　张：9.5（全彩印刷）
字　　数：240千字
印　　数：1～4000册
定　　价：49.00元（含1DVD）

前　言

依循认知心理学，一个新事物的出现，人们不能直接了解其内部的运作过程，而是要通过观察输入和输出的信息来加以推测——从观察到的来推测观察不到的。设计是一种富于创造性的活动，其直接的物质表象是新事物的“诞生”。因此，对于设计的认知，必须依托“可观、可感”的显性形式，将“深藏”于设计者内心的“思想”转换为“通过观察输入和输出的信息”，才有可能使他人可以推测、获知其“全貌”。而设计显性形式的实现离不开设计表述的架构与诠释。

如同音乐的优美要靠“旋律”来诠释，绘画的深刻要凭借“画面”来阐明一样，设计蕴含的价值需依靠设计工作特定的“语言”来表述。设计表述所涉及的课程较多，涵盖高等设计教育课程体系中的设计表达、模型工艺与计算机辅助设计等课程内容。在现有科技水平和设计认知条件下，设计表述的语言包括传统意义上传递信息的载体——语言与文字，基于绘画与绘图技能的手绘表现图，计算机辅助虚拟影像设计和最为直观的实物模型（原型样机）等多种形式。其中，手绘表现图是设计表述中最具基础作用与实践价值的内容之一。作为一种以手绘为手段，以图纸为形式的设计表达方式，手绘表现图是通过直观的视觉图形语言，搭建起设计者与同行及客户间沟通的桥梁，达成设计理念由抽象与非物质的概念转化为具象的可被感知、认知、理解和接受的表象形式。手绘表现还依托“共识认知”的互为与互动效应，进而实现设计的预期目标。手绘表现图以能够全面、生动、客观和具体、有效地阐释设计理念为行为指南与行动标准。

作为以空间设计为表述对象与目标的空间设计手绘表现图，在设计前期，空间设计手绘表现图的绘制有助于设计者广泛地收集、占有和积累素材，夯实设计工作基础，提供设计所需“资源”；在设计伊始，它是“设计创意”转化为“客观物象”的重要媒介和手段，是设计工作初期的表征形式之一；设计进程中，它能够辅助、配合其他设计表述手段，实现设计信息的高效沟通与交流，全面诠释设计面貌，促进设计目标的达成。一张完美的空间设计手绘表现图既是设计者理念的承载、个性的宣泄与灵感的迸发，更是一种理性与感性的交融与升华。试想，当线条在笔下畅意地游走、色彩在纸上洒脱地展现、信息反馈促使设计灵感如奔马脱缰之势，那是何等惬意而又何等快哉之事！

2008年，应海洋出版社之约，出版了《空间设计手绘表现图解析》一书。虽然自觉造诣尚显浅薄，“技艺”也谈不上精湛，但还是得到了一些专家、同行的认可，倍感诚惶诚恐。作为《空间设计手绘表现图解析》的修订，本书将调整、补足与丰富其中的部分观点，使其日臻完善；此外，基于2012年教育部修订的最新《专业目录与专业介绍》的相关专业与课程调整，本书将紧密围绕这一“变化”，同时兼顾国内、外空间设计行业的最新成果与发展动态，力求做到编写内容与时俱进、紧扣行业需求；同时，随着学习媒介与手段的不断嬗变，本书将通过“图纸观摩、临摹范例、同步视频和课件讲授”等多种学习方式与途径，提升“书”的利用效率。

当然，由于作者的学识与时间所限，其中不免有思虑不周之处，还希望业界专家同行给予无私的高见品评，以求共勉。

本书的撰写，其他参加人员的工作情况为：余汇芸老师承担了第一章、第五章部分图片整理和全书的文案校对工作；李明老师承担了第三章、第四章部分图片整理工作；本书的视频采集、编辑由坚斌老师完成。在此，谨对各位作者所付出的辛勤劳动表示感谢。

本书作为2009年安徽省教育厅省级人才培养模式创新实验区《应用型艺术设计人才培养模式创新实验区》（27）与2013年安徽省教育厅《设计类专业综合改革试点》的阶段性成果之一，书稿在编写过程中得到了兄弟院校专业教师和设计公司同行的大力支持与协助，孙芳真、刘明、姚建民等空间设计一线人员给予的诸多优秀案例和中肯建议，有效地丰富和拓展了书稿内容，使其更具代表性与典型性，在此表示衷心的感谢！

作者

2013年10月

目 录

第1章 设计表述——认知篇

教学目标

讲解、剖析空间设计手绘表现图的学理、沿革、内涵、特质和分类；明确学习空间设计手绘表现图的价值、目的和意义。

教学重点

论证与讲授空间设计手绘表现图的学理、内涵和特质；掌握学习空间设计手绘表现图的学理依据与具体工作对象。

教学难点

剖析空间设计手绘表现图依托的学理内涵，为掌握该项知识夯实理论基础。

万事开头难，作为设计工作流程的首个步骤，设计表述的架构不仅是设计工作最初面貌的呈现，更是设计原创思维与构想的物化。设计表述的正确认知与科学实施，对于设计工作流程其他后续工作的开展与效应的达成均具有积极的基础价值与奠基意义，它标示着设计工作实现了由“思想”到“现实”的跨越，是设计“切实”发生的开端。

1.1 设计表述的学理

设计表述的学理，主要是指在运用设计表述手段与形式时应兼顾、遵循与依托的法则和共识，即设计造物原理与指导思想。设计表述的学理是一个与时俱进的开放、变更的体系。正如柳冠中先生在《事理学论纲》中所言，“在‘非此即彼’观念作祟下，设计成为了‘漂浮’的概念，受不同时代、地域文化与时尚知识的影响，表现为羞羞答答的臣服，无可奈何的嬗变。”

第一次和第二次科技革命确立了科技决定论，在机械（机能）中心设计思想指导下，设计表述呈现为对“科技与功能”的描述与服从，即功能决定形式，最具代表的是19世纪80～90年代芝加哥学派建筑师沙利文的“形式追随功能”观点。到了20世纪，随着人机工学、认知科学等学科的完善与发展，英美等西方国家形成了“以人为本”的设计思想，设计表述多表现出人的“身影与诉求”，虽然设计对象的内部机能仍是设计必须考虑的问题，但它的位置正逐步让位于设计服务的对象——“人”。“形式与功能合一”的造型原则日益成为了设计表述方式的重要指针，即设计表述应达成外在形式与内在功能的高度契合，形式与功能互为效应。以汽车设计表述为例，家庭轿车追求小巧、舒适；商务车体现理性、高效（图1–1）；越野车则凸显狂野、奔放（图1–2）。这种差异一方面源于各类汽车内部性能因素的差别，更有来自于不同人群相异需求的考量。

伴随着第三次科技革命、消费阶层的兴起、环境危机与造型落寞、设计文化探求等条件的变化，设计表述的决定因素由设计对象的内部逐渐转变为外部，“以自然为本”的设计思想崭露头角。百余年的历史经验表明，单纯的“以人为本”的设计思想只能有限地改变“以机械为本”造成的负面效应，但远不能从根本上解决后者引发的对自然环境的破坏。基于“以自然为本”的设计思想，左右设计表述的因素包括了人、环境和设计对象场等外部条件信息。其中，人的因素主要表现为设计者给予设计对象的“表述”应与用户对于该设计的“理想价值预期”相契合。该因素主要通过人机工学、美学及语义学等，借助认知心理学

图1–1　商务车

图1–2　越野车

等相关学理给予设计对象以实施操作、信息传递和目标达成。基于此，情感设计、设计美学及语义交互等成为设计表述的指南，构建的是以人的物理与心理尺度为标准的表述语言。其中典型的代表包括意大利阿莱西公司旗下的阿希里·卡斯特里尼（Achille Castiglioni）、菲利普·斯塔克（Philippe Starck）（图1–3）、理查德·萨伯（Richard Sapper），米歇尔·格兰乌斯（Michael Graves）和弗兰克·盖瑞（Frank Gehry）（图1–4）等一大批设计大师的作品。

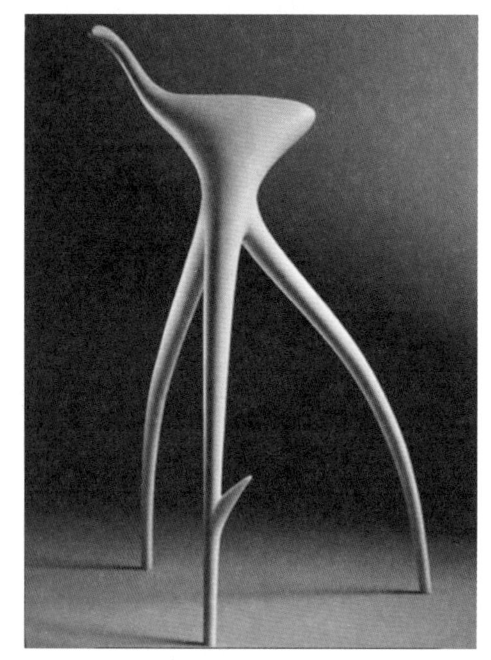

图1–3　菲利普·斯塔克的作品

环境因素无疑是“以自然为本”设计思想的重要核心内容。在设计表述上，环境因素主要是指设计表述应与其所处的自然和人文环境间形成契合、共生与相互提升的关系。环境因素既是设计表述的制约、衡量与评价因素，更是设计表述达成的依据资源。依据对环境因素的考虑，仿生设计、文化设计与生态设计等设计学理成为设计表述予以重点考虑的内容，设计表述应彰显“环境的存在”。表述的语言来自环境，同时还应以积极的状态“建设”环境。在上海世博会中，基于环境因素的设计表述随处可见：无论是搭乘瑞士馆的缆车，穿越在遍布绿色植物的建筑墙面与屋顶草原，还是在法国馆（图1–5）的垂直花园内体验设计师再造的迷你生态系统，那些水循环处理、空气净化和调控温度的功能让人们在炎炎夏天里多了一份惬意，少了一份燥热。

弗兰克·盖瑞的作品

理查德·萨伯作品

米歇尔·格兰乌斯作品

图1–4

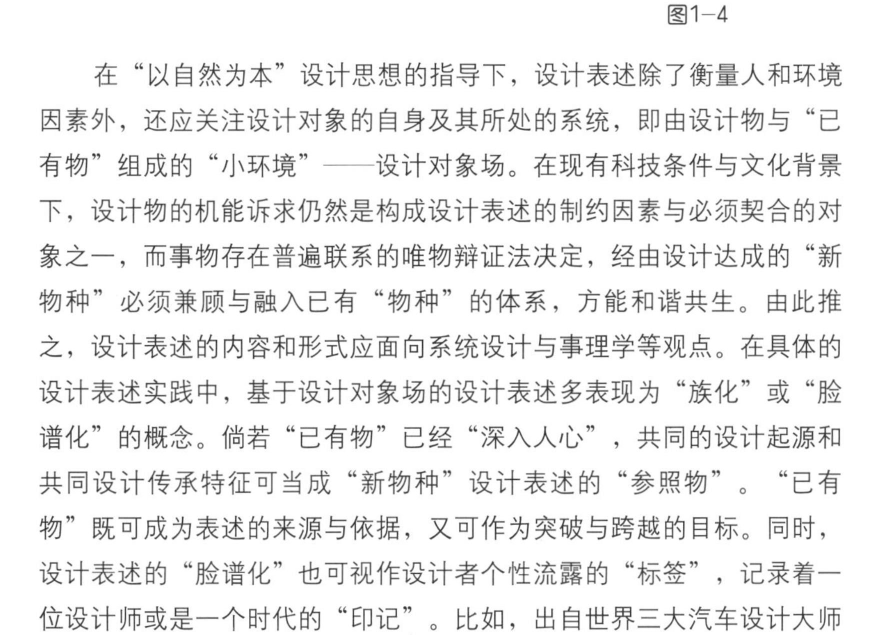

在“以自然为本”设计思想的指导下，设计表述除了衡量人和环境因素外，还应关注设计对象的自身及其所处的系统，即由设计物与“已有物”组成的“小环境”——设计对象场。在现有科技条件与文化背景下，设计物的机能诉求仍然是构成设计表述的制约因素与必须契合的对象之一，而事物存在普遍联系的唯物辩证法决定，经由设计达成的“新物种”必须兼顾与融入已有“物种”的体系，方能和谐共生。由此推之，设计表述的内容和形式应面向系统设计与事理学等观点。在具体的设计表述实践中，基于设计对象场的设计表述多表现为“族化”或“脸谱化”的概念。倘若“已有物”已经“深入人心”，共同的设计起源和共同设计传承特征可当成“新物种”设计表述的“参照物”。“已有物”既可成为表述的来源与依据，又可作为突破与跨越的目标。同时，设计表述的“脸谱化”也可视作设计者个性流露的“标签”，记录着一位设计师或是一个时代的“印记”。比如，出自世界三大汽车设计大师

图1–5　上海世博会法国馆

之一彼得·希瑞尔设计手笔的起亚K系列汽车；基于对德国天才设计师迪特·拉姆斯的崇敬之情，英国设计师乔纳森·伊夫团队设计了带给世界无限惊喜的苹果iPad（图1–6）。

图1–6　苹果iPad

无论是以机械为本、以人为本还是以自然为本的设计思想与学理，提供的只是设计表述达成的指导与依据，设计的最终呈现必须依托一定的载体，而载体首选应是“形态”或“符号”。物质设计如此，非物质设计亦如此。

尽管非物质设计依托计算机、网络、人工智能等信息技术，强调以服务为核心与非实物占有；但不可否认的是，非物质设计理念的达成仍需依托设计实物的存在，尚不能摆脱具体的载体支撑。而源于符号学的设计语义理论无疑是这一认知在设计表述上具体实施的学理依据之一。设计语义学的本质是借助外在视觉形态的设计揭示设计的内部结构，使设计功能明确化，人机界面单纯、易于理解，从而消除使用者对于设计操作上的理解困惑，以更加明确的视觉形象和更具有象征意义的形态设计，传递给使用者更多的文化内涵，从而达到人、机、环境的和谐统一。依托设计语义学，设计表述实践完成的是“能指”，即创造符号形式；而设计表述欲达成的目标（设计理念）则潜藏于表述符号的背后（意指）。可以说，运用设计语义学，设计表述解决了设计内部与外部双重诉求问题。架构于设计语义学的设计表述，依托的是“能指”，完成的是“符号”，达成的是“意指”。例如，佳能C.BIO型照相机和菲利浦“Philishave Reflex Action”剃须刀（图1–7），正是凭借“语义”诠释了这一观点。

佳能C.BIO型照相机

菲利浦剃须刀

图1–7

综上所述，就设计表述的实践而言，在现有的设计认知与相关科学技术背景下，设计对象的机能、人机工学、美学等仍旧是设计表述实施的学理基础，而设计语义学则构成了设计表述的具体依据与方式之一。无论面向上述的何种因素，设计表述均需要依托和借助一定的“语言、符号、图形”等具象媒介载体，通过设计语义学“能指”与“意指”的达成，才能将特定“设计诉求”转化为可观、可感的现实存在。

1.2　空间设计手绘表现图的沿革

作为设计表述的重要手段与形式之一，应用手绘表现图表述设计理念的行为可谓历史悠久。在中国古代，这种表述形式最早见诸于1637年（明崇祯十年）出刊的《天工开物》一书。《天工开物》作为世界上第一部关于农业和手工业生产的综合性著作，既是中国古代一部综合性的科学技术著作、百科全书，也可以被称为中国最早的、最为系统的“设计图集”。作者宋应星在此书中记载了明朝中叶以前中国古代的各项技术。全书分为上、中、下三篇共18卷。并附有121幅插图，生动地描绘了130多项生产技术和工具的名称、形状和工序。仔细研读、揣摩这些插图（图1–8）可以发现，其中不乏关于设计理念、机构构造与空间、人物、山川等内容的设计表述，其表述技艺之精湛、理念诠释之准确、艺术感染力之高超，时至今日仍不失为“典范”。

图1–8 《天工开物》插画

在西方，手绘表现图的最早历史可追溯到13世纪末的文艺复兴时期。文艺复兴三杰之一的列奥纳多 · 达 · 芬奇就采用手绘表现图来表述自己对于设计的理解和认识，如充满前瞻理念的飞行器设计，美学与功能完美统一的城堡设计等（图1–9）。以现今的视角审视，这些绘制在泛黄羊皮纸上的“手稿”，体现着作品本身艺术魅力的同时，设计表述具有的“科学”与“严谨”也可见一斑。

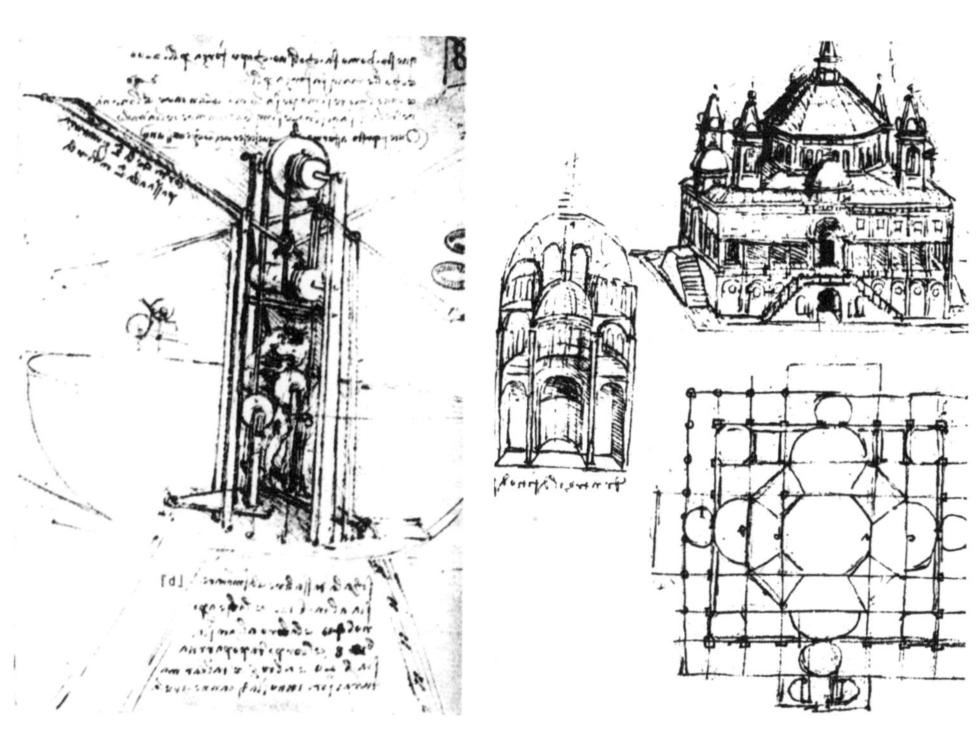

图1–9 达 · 芬奇手稿

1919年，德国包豪斯（1919.4.1～1933.7）的成立标志着现代设计的诞生。现代主义设计大师路德维希 · 密斯 · 凡 · 德罗、勒 · 柯布西耶、雷蒙 · 罗维等（图1–10），其成就不仅彰显于现代设计理论与实践奠基者的价值和意义上，更体现在其现代设计手绘表现图的创设贡献上。正是这些功勋卓著的大师，才使得手绘设计表现图“脱离”了画家、工程师和匠人之手，转变为现代设计师和从业者的“独门利器”，成为现代设计学科相关专业不可或缺的一门重要必修课程。

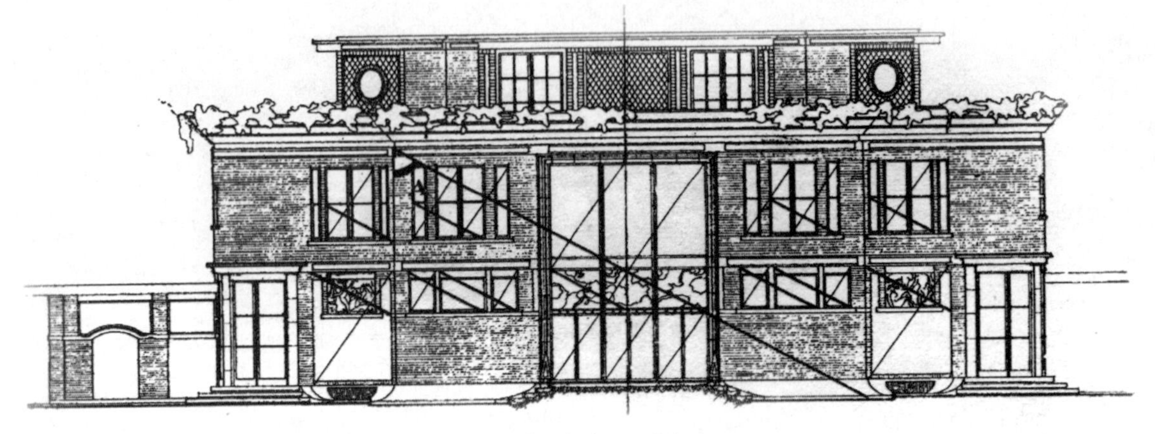

勒 · 柯布西耶手稿

密斯 · 凡 · 德罗作品

雷蒙 · 罗维作品

图1–10

设计手绘表现图的发展，包括空间设计手绘表现图、产品设计手绘表现图、服装设计手绘表现图等，其发展、嬗变的历史一直是与表述认知和科技进步密切相关，并随着时代的变迁、学科的演进而处在不断的变更中。以手绘表现图采用的绘制技法为例，从最初源自传统绘画的铅笔素描技法（图1–11）、中国画技法（图1–12）、油画技法、水彩画技法（图1–13）、水粉画技法（图1–14），到采用新材料、新技术的丙烯技法、喷绘技法、透明水色技法（图1–15）、马克笔技法（图1–16），再到当下依托数码技术的“手绘板技法”等，无不体现着时代的变迁及科技的进步。

图1–11　铅笔素描技法

图1–12　中国画技法

图1–13　水彩画技法

图1–14　水粉画技法

图1–15　透明水色技法

图1–16　马克笔技法

纵观设计手绘表现图绘制技法发展的演进顺序，其表现形式和手段总的发展趋势与脉络是：由传统到现代，由“借用”到专业。高效、便捷、适用和实用是其不断更替变化的原则指向，服务于设计是万变不离其宗的价值诉求。需要说明的是：作为设计表述的手段与方式之一，设计手绘表现图的发展不是简单的“直线摒弃式”。一种相对“先进”技法的出现，并不意味着另一种技法的“消亡”与“没落”。在设计手绘表现图发展过程的嬗变中，相关的科技与设计认知固然在一定程度上可以“左右”其发展，但真正起决定性作用的是从事设计的“人”。达成设计理念并能够高效传达是设计手绘表现图的价值与目标所在，而达成这一目标的手段与方式则应是“因人、因事”而宜、而异的。换而言之，采用“手绘板”与使用铅笔并不能表明设计的优劣，手握工具的人及其思想才是问题的关键所在。

1.3　空间设计手绘表现图的内涵

在现代设计工作的众多环节和步骤中，设计表述是其中最具基础作用与实践意义的核心部分，是设计初始和过程阶段的重要显性形式，是具有现实价值的表象。作为一种显性载体，设计表述可以搭建起设计者与同行及客户间沟通的桥梁，并能够形成互动，促使设计工作由设计者单纯的“意向”转化为设计者与他人的“共识认知”，进而达成设计的预设目标。设计表述应能够全面、生动、客观和具体、有效地阐释设计理念为行为指南与行动标准，“语不惊人死不休”正是设计表述的工作及其价值的写照。

作为现代设计的重要内容之一，空间设计是主要针对人类得以生存、繁衍与发展的周边环境系统的设计行为，对象包括室内（图1–17）、室外（图1–18）两大空间系统。在空间设计的诸多表述形式中，包括

图1-17 室内表现

图1-18 环境景观表现

了话语和文字、手绘表现图、CAD虚拟静态和动态影像、实物模型（原型样机）等多种形式，其中手绘表现图可谓历史悠久、形式多样，内涵也最为丰富。

手绘表现图，英文多译为SKETCH，意为草图、素描、梗概之意。它是一种基于绘画、绘图技能的设计表述形式，直观、随性与相对自由是该种形式的特点与优点。对于以手绘图的方式表述设计，上可追溯到达·芬奇绘制的飞机、坦克等设计草图，下可见当下众多设计师绘制的马克笔、数位板表现图。相较于语言、文字等表述形式，空间设计手绘表现图虽然也是在“描绘”空间设计，但它却实实在在地构成了设计的有机部分，是空间设计工作的具体实施与操作，具有可观、可感、可反馈的设计价值，是绝大部分类型设计工作初始与过程阶段的必要工作之一。

空间设计手绘表现图是针对空间设计构思的完善与推敲，是对空间设计意象构思的具体物象展现。在设计工作的不同阶段，空间设计手绘表现图的功能、作用与价值具有不同的特性和表征。在设计前期阶段，空间设计手绘表现图表述的是空间设计瞬间的创意、基本的布局和大体的色彩材质关系，是设计师对空间设计方案构思、推敲、筹划等思考过程的记录与传示。具有该类型“职能”的空间设计手绘表现图被称为设计构思“草案”（草图）（图1-19）。虽然“草案”中尚存在着诸多不具体和不确定因素，有些内容甚至是不切实际与异想天开的，但可

图1-19 建筑草图

贵之处在于这种“草案”初步呈现了“设计面貌”，奠定了设计工作的基本取向与趋势。在现有的设计技术背景下，提出、给予设计“草案”是空间设计手绘表现图最为重要也是最为主要的职能之一。随着设计工作的不断深入，需要的是不断对前期设计“草案”集思广益、群策群力地做出修订、验证与推敲，使其越发地“迫近”实际可行性与实践操作性。相对“精确”的空间设计手绘表现图便承担这一“职能”，完成的是对前期偏于感性“草案”相对理性的调整、检验与完善，达成的是设计理念由“雏形”到相对“完形”的过渡（图1–20）。

20世纪90年代以来，随着计算机辅助设计技术在设计学科专业中的广泛应用与普及，设计的劳动强度被大大降低，设计精度和速度有了长足的进步与发展，其表现效果的仿真性与生动性也着实让人叹为观止（图1–21）。因此，CAD虚拟静态和动态影像等计算机辅助设计表述手段受到了设计师和专业学生的格外青睐，甚至出现了“做设计就是键盘、鼠标外加手绘板”，具有相当价值的手绘表现图大有被取而代之之势。而“风暴”过后的情形如何呢？手绘表现图依旧被认可与运用着，并没有因“落后”而淡出人们的视野。可这场“风暴”的负面影响却是严重的。

图1–20 效果图

图1–21 计算机制作的效果图

首先，这种计算机技术至上的观念和做法无疑会造成从业者一定程度的“技术依赖”思想，导致设计思维和专业技能的偏差与缺失。设计工作实际上是一个解决问题、化解矛盾的过程，在这个过程中，新的灵感和创意会不断地涌现，而计算机辅助设计的数据化、理性化及其所具有的人机界面等特点，与设计思维的偶发性、随机性等感性特征存在着不同程度上的“冲突”。其次，过分依赖计算机技术，从业者（尤其是学生）势必会忽视、懈怠设计基本技能的训练与提升，审美意识和设计分析能力的下降、倒退等不良结果也会相伴而生。诚然，计算机辅助设计技术的应用的确给设计工作带来了许多便利和帮助，但它终究无法替代设计者的大脑和思维。笔者从不否认计算机表现图的高效性、仿真性及其艺术性的“魅力”所在，但在现有技术条件下，以CAD虚拟静态和动态影像为代表的计算机辅助设计表述，仍未摆脱数字排列和命令组合的操作与思维方式，这同以形象思维为主要特征的设计活动并非是高度协调与相得益彰的。

正是基于CAD虚拟静态和动态影像等计算机辅助设计表述手段的“不足”与“补足”，“心手合一”、“零距离人机关系”便构成了学习空间设计手绘表现图的目标和特征之一。

1.4 空间设计手绘表现图的特质

空间设计手绘表现图，顾名思义，是指采用手绘的方式用于表述、传达空间设计理念与设计构思的图纸。它是空间设计人员从事设计工作的工具和语言之一，是设计思想得以展现、交流与信息反馈的媒介。空间设计手绘表现图服务的对象是空间设计工作，采取的方式是手绘，完成的形式是表现图，工作的性质决定了其特质应具有如下内容。

1）工程性

绘制空间设计手绘表现图的目的在于记录设计构思、推敲设计理念、完善设计构想、指导设计施工等，具有一般工程图纸的作用和价值。首先，就工作对象而言，空间设计手绘表现图的绘制主要服务于空间设计项目，而空间的设计架构离不开工程的具体施工，包括室内的隔断划分、壁面造型、棚面结构等；室外的亭台建造、绿植分布、山体塑型等。依托手绘表现图，使得以上诸多“工作”能够完成，均诉求手绘表现图以期起到指导与规范作用。其次，从空间设计手绘表现图的界定而言，其表述形式应是带有说明性质的“图”，而非天马行空的艺术创作。因此，借助尺规、按照制图标准、采用制图方式等进行表述，是较为常见的形式与技法。尽管为了追求图面效果添加了“色彩”、“质感”与少许文本的“注解”，但更多体现的是“制图”味道。因此，基于空间设计手绘表现图工程性的特质，设计者具备和掌握一定程度的工程施工知识与制图技能，就显得尤为重要（图1–22）。

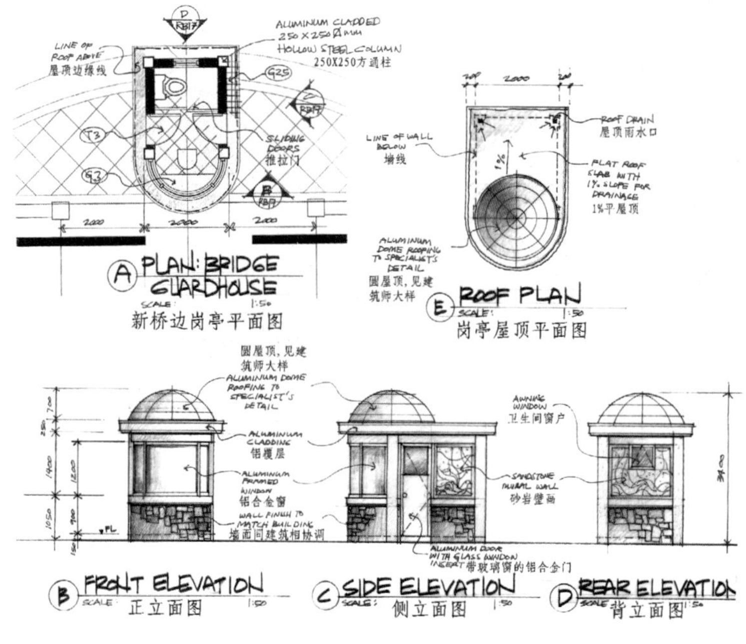

图1–22 工程施工图

2）艺术性

空间设计手绘表现图除了具有一定的工程性特质以外，艺术性也是其应具有的属性。空间设计手绘表现图与一般工程图纸的最大区别在于它的“表现”性，而表现性不但指空间设计手绘表现图应能客观、具体地表述设计理念与设计细节等信息，还应使这些设计信息的表述更加生动、直观且富于“激情”，最大限度地展现设计的“精神面貌”与蕴含的思想内涵。欲达成“表现”的目标，仅凭借客观、严谨与科学的“制图”语言，显然是有些勉为其难，而“绘画”语言的艺术性就成为了可借鉴与应用的资源对象。绘画是一种在二维的平面上以手工方式捕捉、记录及表现不同创意目的的艺术。这种艺术形式满足了空间设计手绘表现图对“手绘”和“表现”的两项重要需求。一方面，借助绘画技能的训练，可以提升设计者的造型能力，实现“心手合一”的表述能力；另一方面，通过赏析名作、写生和临摹等艺术实践活动，有助于提高设计者的鉴赏审美能力，深刻体会和理解“美”，为“表现”指明正确的“导向”。大量的成功案例表明，往往一张优秀的空间设计手绘表现图，不但具有“设计图”的价值，更可作为“艺术品”来欣赏（图1—23）。

图1—23　空间设计手绘图的艺术表现

3）通识性

作为设计表述的一种物化形式，“通识性”是对空间设计手绘表现图表述方式的基本诉求。究其原因：一方面，空间设计手绘表现图是由设计者“人工”绘制，形成“设计图”的表述状况将受制于设计者绘制能力的强弱，能力相对较弱的设计者，其“图纸”并不能向他人全面、准确、有效地传递信息；另一方面，绘画与绘图都是带有或多或少“个人色彩”的行为，具有一定的“特有性”与“独创性”。倘若面向对此知之甚少的用户，表述自然存在着沟通问题。因此，设计者在追求空间设计手绘表现图艺术性、专业性的同时，也不能忽视它作为设计表述手段传达设计的“初衷”。空间设计手绘表现图是“说明图”，不是单纯的艺术作品。当然，富于唯美表象与科学精神的空间设计手绘表现图达到“艺术”的高度，能够“点睛”、“点亮”设计也是不争的事实。如，清水吉治的手绘表现图“工作室设计”（图1–24）可谓光鲜靓丽，而梁志天笔下的“现代居室设计”则如诗如画。

工作室设计（清水吉治作品）

室内设计（梁志天作品）

室内设计（梁志天作品）

图1–24

1.5　空间设计手绘表现图的分类

正如上文所言，空间设计手绘表现图的发展与科技和设计的认知等因素密切相关。依循用途、对象、工具与技法的差异，其分类存在不同状况。现阶段，按照工具划分，空间设计手绘表现图可分为手工绘制和计算机辅助绘制两大类；按照技法则可分为水粉技法、水彩技法、钢笔技法、马克笔技法等。为了便于学习与掌握，本书将依据空间设计手绘表现图的“对象”与“用途”进行分类。

1.5.1　对象分类

1）室内设计手绘表现图

在现代空间设计工作中，室内设计是较常见的对象与题材。它包括居住空间设计（标准居室、别墅等）、商业空间设计（宾馆、商场等）、表演空间设计（场馆、展厅等）等。这类对象的手绘设计表述具有如下特点。

（1）空间属性相对确定。一般来说，这类对象的空间尺度、功能与设施等因素的设定往往要“受制”于先期的空间建筑设计，从而导

图1-25 室内环境设计

致了设计表述的“灵活性”稍显不足，但客观上却便于设计的“精雕细琢”。

（2）表述对象相对明确。就室内设计而言，由于空间属性的相对确定，决定了表述对象具有相对的指向性。如居住空间设计，沙发、床、灯具等设施是主要的表述内容；在商业空间设计中，柱体、吧台、公共设施等是表述的主要对象；而舞台、展台、座椅则构成了表演空间必须表述的目标。当然，满足各类室内环境设计需要的花卉、绿植也是重要的表述对象（图1-25）。

2）景观（园林、建筑）设计手绘表现图

景观（园林、建筑）是空间设计的另外一大类重要题材，是室外设计的主要对象。对于该类题材的设计表述，由于对象属性、类别的差异，在设计表述上自然存在与室内设计手绘表现图的些许不同。

（1）空间体量大。这类对象往往具有较大的空间体量，设计信息量多而杂，客观上增加了设计表述难度。因此，对于此类设计对象的表述，常需要设计者具有一定的空间把握能力、信息的概括能力与内容的提炼能力等。在有限的“图纸”空间与时间内，设计者不可能也不应该将所有对象一一说明。树立恰当、科学的“取舍”观，是绘制此类对象时应秉承的原则。

（2）对象庞杂。相较于室内设计相对明确的对象，景观（园林、建筑）设计的内容就显得较为庞杂。既包括主体造型设计、地形地势设计、水体设计和道路设计，也包括植被花卉设计、照明设计等，还有人物、天空、飞鸟等描绘，可谓包罗万象、品种繁多。因此，一件表述精彩的手绘设计表现图往往也是一幅优美的“风景画”，用作指导设计施工的同时，亦可作为艺术品来赏析（图1-26）。

图1-26 景观（园林、建筑）设计

1.5.2 用途分类

1）记录表现图

在现代设计工作中，同作家一样，设计者应养成写“日记”的好习惯。记录表现图就是设计者记录点滴构思的“日记”，亦可称为设计速写。记录表现图主要用于捕捉、记录和收集对于设计工作具有参考价值与指导意义的信息和资料，包括通过“写生”记录来自他人的成功设计案例、周边环境的“人文”与“自然”资源，通过“随笔”记录令设计者触景生情，有感而发的“灵感”等。这种记录表现图的绘制，往往是信手拈来，重在客观地展现与快速地抓取，不必在意工具、技法与完成效果，而应以获得设计所需信息为第一要务（图1–27）。

图1–27 停车位设计

2）快速表现图

就空间设计手绘表现图的实际应用而言，快速表现图是最有价值的形式。快速表现图又称设计草图、草案，它是设计前期应用最为广泛的表述手段，表现为快捷完成、点到为止、不拘一格等特征，主要用于呈现、传达设计者初期的瞬间灵感和创意。作为以追求“快”为标准的表现图，绘制效率是其重要的衡量指标。只要能基本说明设计的理念意图、色彩（材质）设置、结构特征等，快速表现图的绘制工作即可宣告结束。同时，为了缩减绘制时间，尽早使设计方案得以最大限度地呈现，适当地采用简短与必要的文字说明，也是此类表现图常见的做法。绘制者不必过多地“纠缠”于作品的完整性与规范性，“效率”是快速表现图的显著特征与价值所在。而扎实的绘制功底、高超的绘制技艺和富于价值的设计理念，则是获得一张“优质”快速手绘表现图的根本保障与重要依托（图1–28）。

3）精确表现图

设计表现图既是设计师自我设计思想的表述，更是与他人（其他设计师、用户等）沟通、对话的重要手段与媒介，其价值在于对设计意象

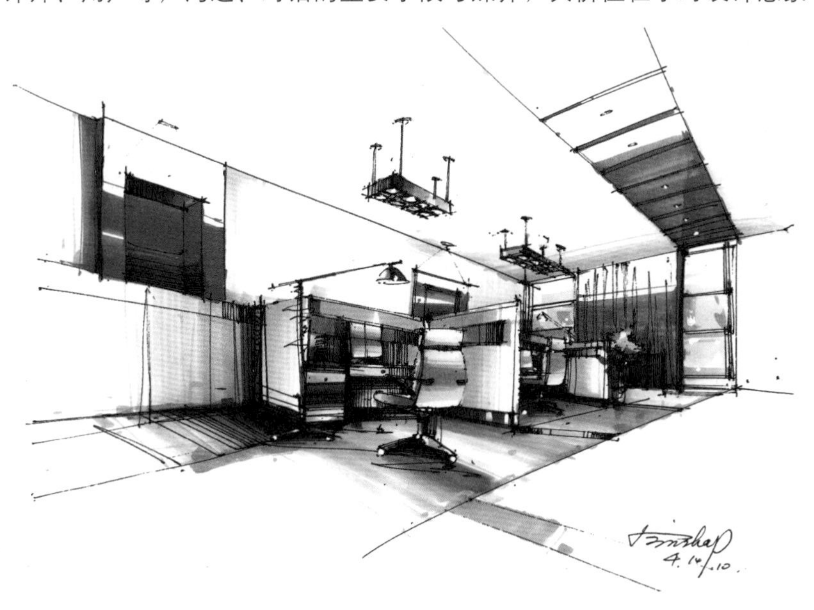

图1–28 快速手绘表现

思维的记录以及对设计方案的推敲和展示。而精确表现图作为手绘设计表述相对完整、规范的图纸类型，因计算机辅助设计的大量介入设计，其用途逐渐发生了变化，这主要体现在两个方面。一是，现阶段，虽然精确表现图仍可作为设计最终呈现的手段之一，但随着计算机辅助设计软硬件技术的迅猛发展，精确表现图的写实性、现实性等优势正渐趋降低，更因其相对漫长的绘制时间和绘制技能的高要求而变得日渐落伍。现代空间设计，包括产品设计、服装设计等，最终的设计成稿大多是借助计算机辅助设计来表述的。二是，尽管精确手绘表现图作为设计成稿表述的作用受到了挑战，但作为一种表现图类型，它的价值与意义却另有所彰显。首先，通过绘制精确表现图，可使设计者在绘制中推敲、揣摩设计的细节结构与处理手段，凝练和提升对于设计的认知能力与鉴赏能力。其次，通过精确表现图（图1–29）的绘制，可以提高设计者的手绘造型能力和设计表述技能的熟练程度，为快速表现图的绘制打下坚实的基础，正如欧阳修笔下的“卖油翁”——无他，但手熟尔。

图1–29 精确表现

小结

正确理解设计表述的学理，了解空间设计手绘表现图的内涵和特质，是建立学习空间设计手绘表现图正确认识观与方法论的必要条件与重要基础。而掌握空间设计手绘表现图的分类，则可明晰具体的学习目标。一幅优秀的空间设计手绘表现图犹如文学作品一样，既需要扎实的文学理论基础，也需要来自对生活的点滴积累与感悟。设计表述能力的提高在于“不经意间”的水到渠成。

习题

1. 了解、掌握空间设计手绘表现图的基本理论知识。
2. 观摩、学习优秀的空间设计手绘表现图。
3. 针对具体案例，说明手绘表现图的分类。

第2章 以何表述——工具篇

教学目标

认识和了解空间设计手绘表现图的常用工具，为绘制表现图作充分的前期物质与思想准备。

教学重点

理解与掌握各类工具的适用对象和使用方式。

教学难点

图文并茂地剖析各类工具的适用对象和使用方式。

“工欲善其事，必先利其器”。面对生活中让人震撼、感动的点点滴滴，瞬间的构想、灵感会在不经意间浮现于脑海中。而此时，身旁的任何一样东西都可能成为我们记录设计信息的工具：一支铅笔、一张旧报纸、沾满灰尘的桌面，甚至是用树枝在地上涂鸦……但要快捷地绘制好一张真正解决和说明问题、高效地表述设计理念的表现图，选择合适的工具且了解其使用“技巧”，则是绘制工作得以有效进行的必要条件，学习和掌握手绘设计工具的意义便在于此（图2–1）。

2.1 笔

根据绘制工作的不同需求，空间设计手绘表现图的用笔可分为两大类：一是画线类；二是着色类。

2.1.1 画线类

画线类笔应用于绘制工作的起稿与草创阶段，主要作用体现在勾勒设计对象造型、部分材质肌理表现及设计结构表述、说明注释等方面。由画线笔完成的设计稿也被称为线稿。可用于画线的常见笔种有三

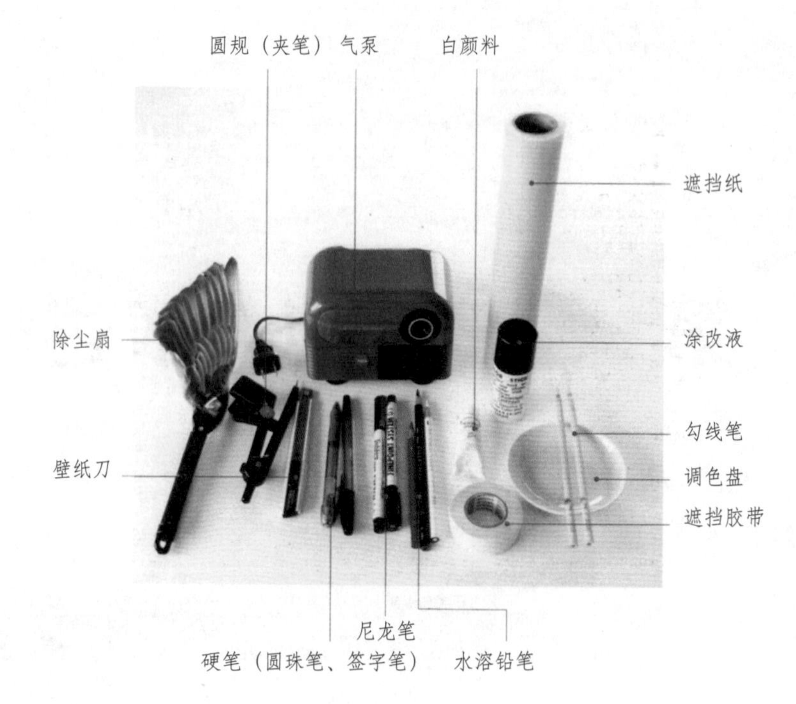

图2-1 表现工具

大类：一是绘画类；二是制图类；三是办公类。其中，绘画类画线笔包括铅笔（2H～6B）、彩色铅笔、水溶铅笔、美工笔等（图2-2），这类笔的使用方法主要依照绘画的相关技法，其绘制“结果”的艺术表现力较强，具有画的“韵味”；制图类画线笔包括针管笔、鸭嘴笔等，是运用“工程制图”方式绘制表现图经常采用的笔，绘制往往辅以尺、规等工具，图面呈现更多的是“工程性”；办公类画线笔包括尼龙笔、签字笔、圆珠笔、记号笔等（图2-3），这类画线笔的特点在于“方便”，可以随时随地地记录设计信息，技法因人而异，灵活多样。

由上述笔的类别可看出，用于画线的笔可谓包罗万象。毫不夸张地说，我们身边可记录、表述形象的一切工具都可作为“画线笔”，甚至包括粉笔、蜡笔和油画棒等。

2.1.2 着色类

有别于“画线笔”只能勾画出表述对象的单色线稿，着色类笔的作用在于“赋色”，可以表述对象更多的材质属性、冷暖关系及情感因素等。由此完成的表现图也被称为彩稿或色稿。就快速表现图而言，

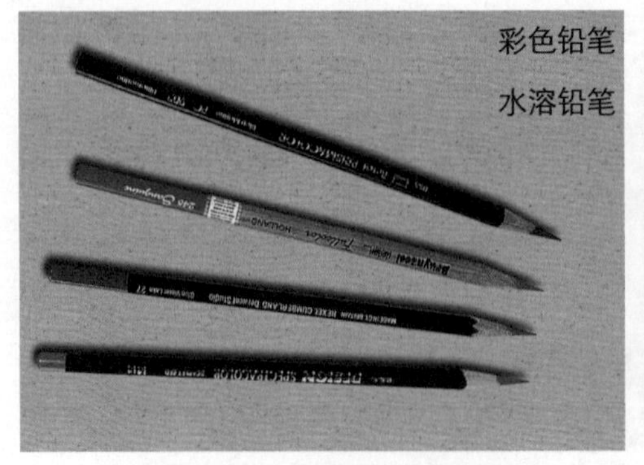

图2-2 彩色铅笔与水溶铅笔

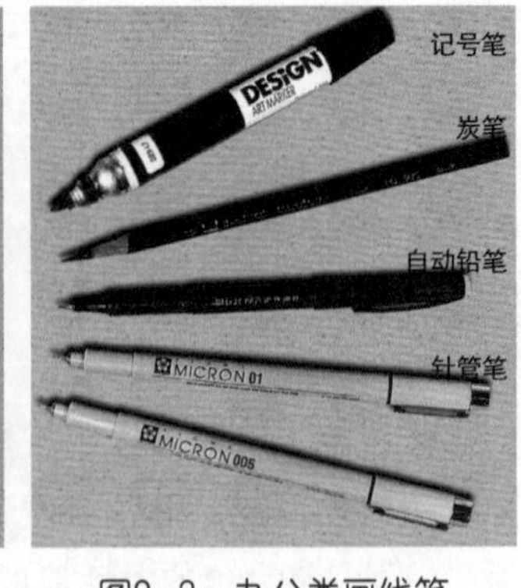

图2-3 办公类画线笔

彩稿可以称为“终稿”。用于着色的笔包括两大类：一是自供类；二是蘸取类。自供类笔主要是指自身具有（或存有）一定色彩的笔，马克笔（油性、水性）（图2–4）、水溶铅笔、彩色铅笔、彩色圆珠笔、色粉笔等都属于这一类笔。自供类着色笔具有携带和使用方便、色彩纯度高等特点，较适合记录表现图（快速记录）和快速表现图的绘制工作。蘸取类笔是指需要颜料供给才能完成着色的笔，包括毛笔类、水粉笔、水彩笔、喷笔等（图2–5）。蘸取类着色笔能够完成色彩因素相对细腻、全面的表现图的绘制，经常用于记录表现图（写生）和精确表现图的绘制。在实际绘制工作中，为了设计的需要，着色笔的使用没有严格“界限”，常常是多种笔综合使用。

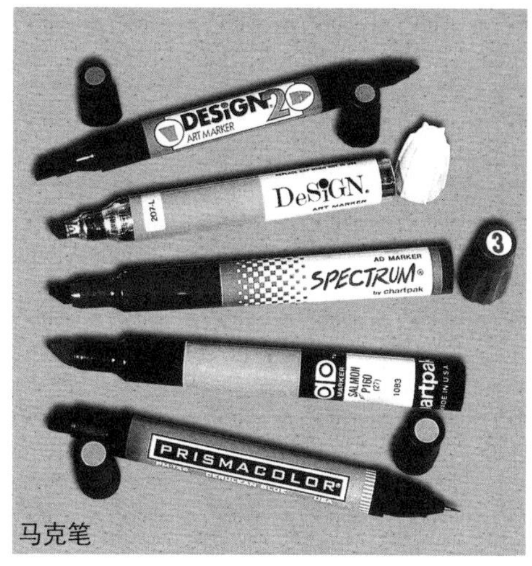

图2–4　马克笔

通过上述的分析，两类笔在选择与使用上似乎无规律可循。这恰恰说明了“设计”是随时随地、随想随感发生的，而笔的任务与职能就是协助设计者将瞬间的灵感转化为“物象”。当然，合适、恰当地选择和使用笔，有助于提升绘制速度和“增色”表述结果，这也是不争的事实。

图2–5　蘸取类笔

2.2　纸张

作为空间设计手绘表现图的绘制界面，纸张的选择与表现图的类别、用途和使用的笔密切相关。合适的纸张选用有助于提高绘制效率，增强绘制图面的表现力与感染力。

2.2.1　记录和快速表现类

记录和快速表现类手绘表现图的共同特点是绘制效率高、风格多样，重点在于快速地捕捉和记录设计信息。因此，这两类表现图的纸张选择侧重于方便携带、信手拈来，画作者不太在意纸张的品质，很多日常用纸均可予以使用。常见的纸张包括：速写纸、素描纸、复印纸和马克笔专用纸（图2–6），普通的信纸、稿纸、便笺纸也可以。当然，以“写生”为目的的记录表现图，还是需要选择与之相匹配的纸张类型，比如水彩写生用水彩纸。

2.2.2　精确表现类

精确表现类纸张主要用于精确表现图的绘制工作。鉴于精确表现图的价值、意义及其绘制方法，相对于记录和快速表现图用纸的“草率”，对于精确表现图的绘制用纸的要求则显得有些“苛刻”。这类纸张包括水彩纸（用于绘制“水彩技法”表现图和写生等）、水粉纸（用于绘制“水粉技法”表现图和写生等）、制图纸（用于绘制“工程制图”类表现图）等。这类纸张的选用一般强调专业性、科学性与实用性，往往是根据用途或“追求”某种效果、技法和思想的需要而决定。由于这类纸大多质量较好、辅助表现能力较强，当然也可用于记录和快速表现类手绘表现图的绘制。

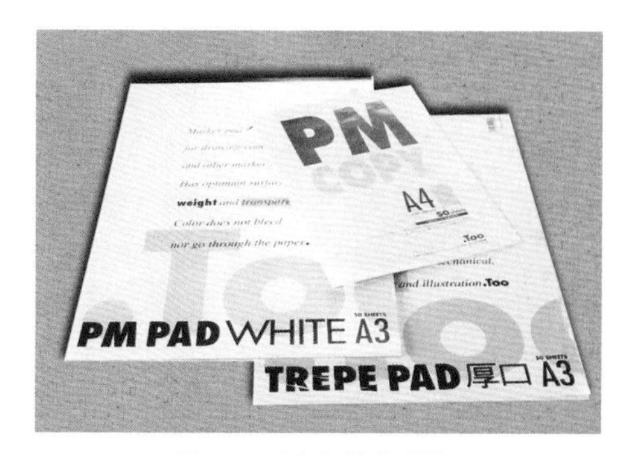

图2–6　马克笔专用纸

2.3 颜料

在空间设计手绘表现图的绘制中，作为表述设计对象色彩属性、材质特性的必备条件和手段，颜料是绘制工作重要的基础工具之一。正如“着色类笔”的分类，颜料也可以划分为两大类：一是自供类；二是蘸取类。

2.3.1 自供类

顾名思义，自供类颜料是指绘制用笔自身具有（或存有）颜料。这类颜料包括水溶铅笔的“铅芯”、马克笔的“色芯”、色粉笔等（图2–7）。自供类颜料携带、使用方便，不需其他辅助手段和工具，是绘制记录和快速表现类手绘表现图的常见颜料。

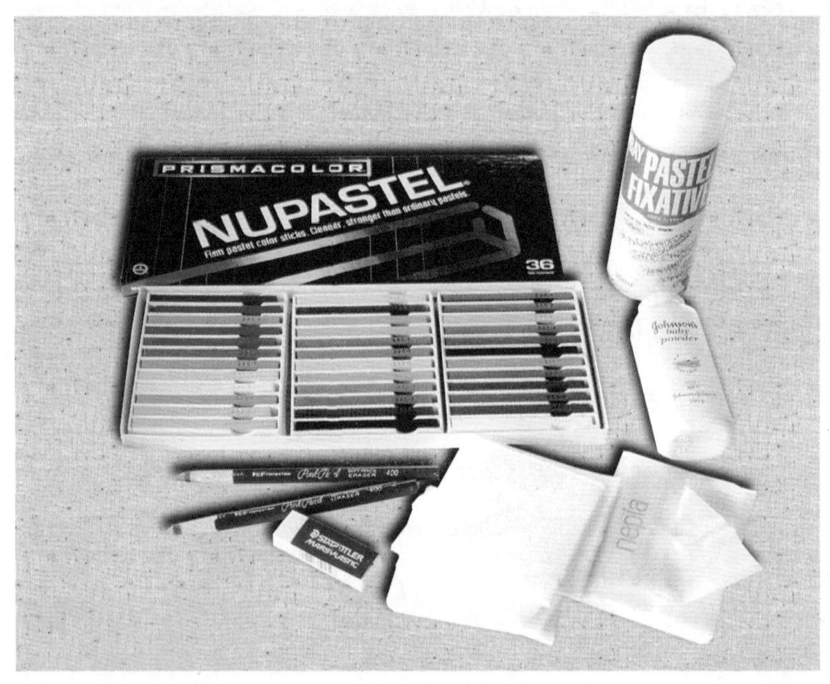

图2–7 自供类颜料

2.3.2 蘸取类

蘸取类颜料是供给蘸取类笔使用的一类颜料的总称，主要包括水粉、水彩、透明水色、马克笔颜料等（图2–8）。其中，水粉、水彩颜料和透明水色的使用主要依靠“水”的调节，而马克笔颜料的使用则多借助于有机溶剂（酒精）的稀释。该类颜料主要用于精确表现图的绘制工作。

2.4 辅助工具

不同于绘画与制图有着较为严格的工具指向与分类标准，空间设计手绘表现图的绘制工具选用可谓是物尽其用，不拘一格。既有“学院派”笔、纸、颜料的“使用规范”，也不排斥能够实现某种效果、意向的“民间工艺”。指导和选择工具的总原则是满足和符合设计表述的需要。除了上述的笔、纸、颜料等主要绘制工具外，还有其他一些常用且行之有效的辅助工具，其构成及用途如下。

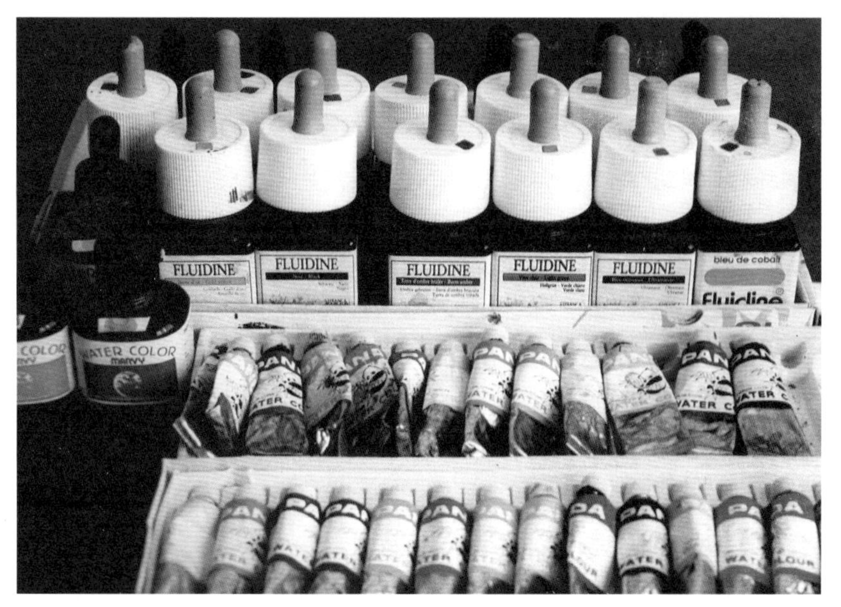

图2-8　蘸取类颜料

（1）高光笔（图2-9）。主要用于绘制、点缀高光，也可用普通修改液、白色水粉颜料替代。

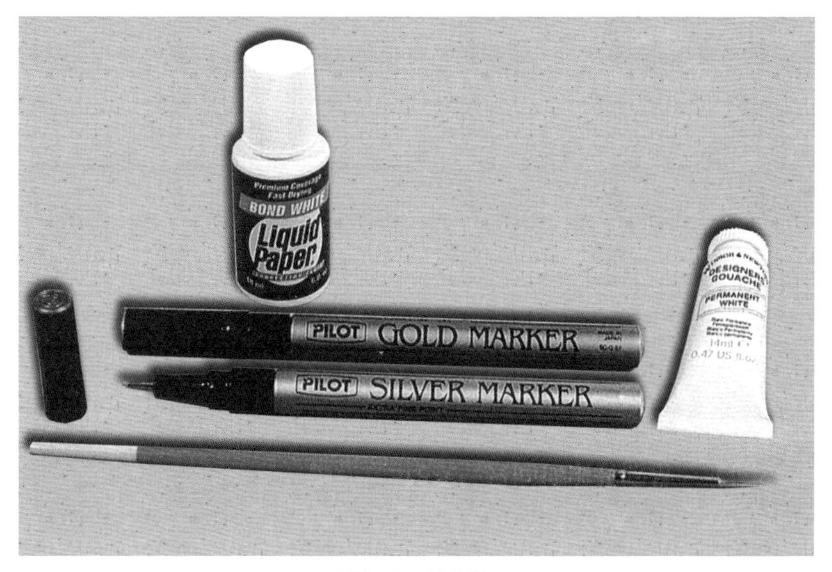

图2-9　高光笔

（2）橡皮笔。用于色粉技法、铅笔技法中的结构“提亮”和局部修改。

（3）遮挡纸。是辅助创建特定区域效果的常见工具。

（4）模板。是提升绘制效率、规范图形的主要手段（图2-10）。

（5）定画液。主要用于防止色粉、彩铅技法的色彩脱落。

（6）扫描仪。创建空间设计手绘表现图的电子文档。

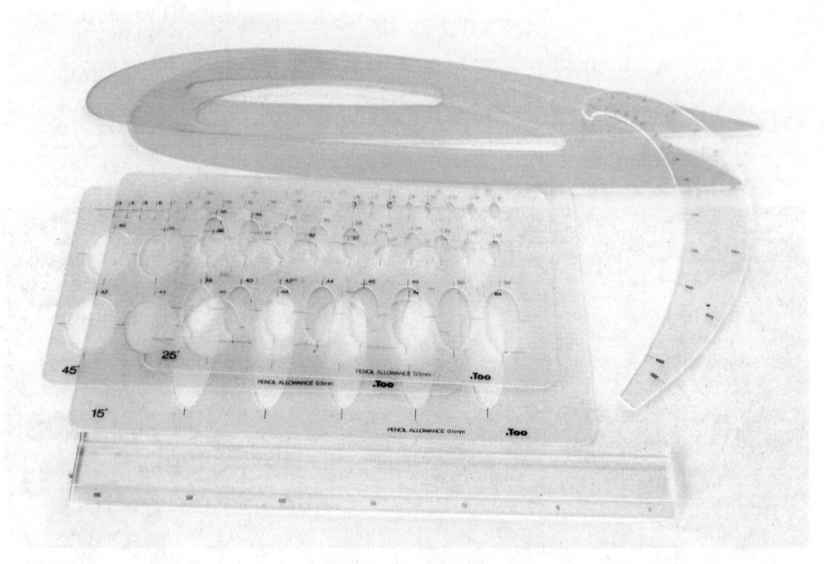

图2-10 模板

（7）计算机。依托图像处理软件（PHOTOSHOP、PAINTER等）调整、编辑表现图的电子文档，形成“成图”；亦可依托“单体图库”（采用扫描仪，将绘制的家具、植物、陈设等扫描、整理成可供备用的电子文档），将手绘的电子“素材”编辑、整理成电子版的空间设计手绘表现图。

以上列举的辅助工具只是“冰山一角”。由于手绘表现图的绘制工具多是借鉴绘画、工程制图及实际绘制的“经验之谈”，因此，包括笔、纸、颜料等主要绘制工具在内，可供使用的工具种类、用途会因人、因事的差异而不同。随着相关科技的发展和设计认知的深入，手绘表现图表述工具的类别、用途也会随之处在不断的变化中。但无论表述工具如何改变，变化的是设计表述的方式，不变的是设计表述的目标与职责。

小结

对于一名空间设计人员，合适、完备的绘图工具至关重要。在一定程度上，工具的优劣决定着设计表述效应的达成效果，对设计思维的拓展与完善也具有相当的意义。工具至上论的观点有失偏颇，真正决定设计品质的还是设计理念。

习题

1. 了解、掌握空间设计手绘表现图的常用工具。
2. 准备相关的绘制工具。

第3章 以何表述——基础篇

教学目标

通过对空间设计手绘表现图绘制所必需的绘画基础、工程图学、设计理论基础、工程理论基础等相关内容的讲解，阐释与说明这些基础知识与空间设计手绘表现图绘制的密切关系和特点，夯实以何表述所需的相关基础知识。

教学重点

阐释与剖析绘画基础、工程图学、设计理论基础、工程理论基础等基础知识与空间设计手绘表现图绘制的密切关系和特点。

教学难点

构建空间设计手绘表现图绘制与相关基础知识的逻辑关系。

绘制空间设计手绘表现图除了需要必备的工具外，相关的学科专业理论与实践知识也是绘制工作不可或缺的依托基础。正如第1章设计表述——认知篇所述，空间设计手绘表现图的绘制与绘画、设计及空间工程存在着千丝万缕的联系，正确地认知上述学科及其专业领域的相关知识，掌握其与空间设计手绘表现图绘制的逻辑关系，对于手绘表现图的绘制工作具有积极意义。

3.1 绘画基础

绘画，是指用笔、板刷、刀、墨、颜料等工具材料，在纸、纺织物、木板、墙壁等平面（二度空间）上塑造形象的艺术形式。在艺术层面上，绘画是一个以表面作为支撑面，再在其之上添加颜色的行为，那些表面的例子有纸张、油画布、木材、玻璃、漆器或混凝土等。在艺术用语的层面上，绘画的意义亦包含利用此艺术行为再加上图形、构图及其他美学方法以达到表现出从业者希望表达的概念及意思。作为以手绘方式完成的空间设计表现图，绘画造型艺术的认知与掌握是绘制者首要解决的基础问题，其目的在于绘制表现图的造型与设计审美能力的培养（图3–1）。

图3–1 绘画基础练习

3.1.1 设计素描

设计素描是现代设计绘画的训练基础，是培养设计师形象思维和表述能力的有效方法，是认识形态、创新形态的重要途径。设计素描是以比例尺度、透视规律、三维空间观念以及形体的内部结构剖析等表现新的视觉表述与造型手法，是表达设计意图的一门专业基础课，它基本上适用于一切立体设计专业（如空间设计、产品设计、服装设计、造型、雕塑等）的设计表述学习（图3–2）。设计素描通常以线条来塑造形体，一般不体现明暗与光影变化，依托透视关系和结构剖析的准确架构，从客观事物的具象形态中再现形式美感。

图3–2 设计素描

同“基础素描”相比，设计素描关注的要点在于对“客体”的综合性分解和全面剖析，建立的是“客体”的比例尺度、三维空间、内外因果关系等概念。通过对形体科学、严谨地分析，在二维空间内将形体加以视觉化的说明，从而达成认识形态、理解形态、掌握形态组合内在规律的目的。设计素描注重描绘对象的过程，而非最终的结果。

就空间设计手绘表现图的绘制而言，设计素描主要有以下几点“价值”。

（1）设计素描的学习有助于提升设计者的“造型”能力。空间设计手绘表现图是靠形象“说话”的表述形式，扎实、快速而准确的造型能力，是“设计理念”能否正确、高效传达的关键。通过设计素描的学习和训练，设计者能够在观察能力、手眼协调和心手一致等造型能力上获得提升，为及时、快速地“捕捉”和构建形象提供必备的基础与实践的可能（图3–3）。

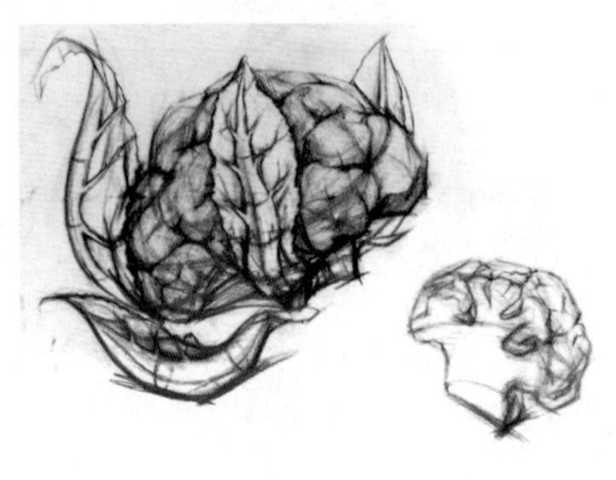
图3–3

（2）设计素描的绘画思想能够提高设计者对于设计对象的认知。有鉴于设计素描在描绘方式、观察方法及理解问题角度上的各种特点，有助于我们架构“全方位”的形态造型认识观。设计素描对于形体的描绘，常常是透过形体的外在表象，开展对其核心与纵深的观察和理解。描绘的不仅是客观物象的外在视觉，更要刻画出形态上不可见的、内在的结构及其成因关系。空间设计手绘表现图对“设计对象”的描绘应是一个“全方位属性”的表述，是一个将“设计思想”不断深化、整理与诠释的过程，更是对设计对象信息全面阐释、展示以及能够使设计对象被认知的“描绘”。因此，通过对设计素描绘画思想的体会、理解，能够促使设计者建立起全方位的、完整的设计表述认知，是设计师必备的能力之一（图3-4）。

图3-4

（3）设计素描的学习有助于设计者“空间感”的建立。“空间感”的建立对于从事空间设计的人员至关重要，是二维设计形象具有三维“真实感”、“现实感”与“可信感”的前提，是“设计思想”得以交流、沟通的基础与条件。设计素描对于“形体”的建立主要是通过富于“空间诉求”的线条而得以达成。其中包括掌控线条粗细变化、虚实处理及透视规律运用等。对设计素描的学习，有助于设计者透彻地理解设计对象整体与局部的空间关系，把握空间建立的方式、方法，以获取该设计对象相对准确的三维“空间感”（图3-5）。

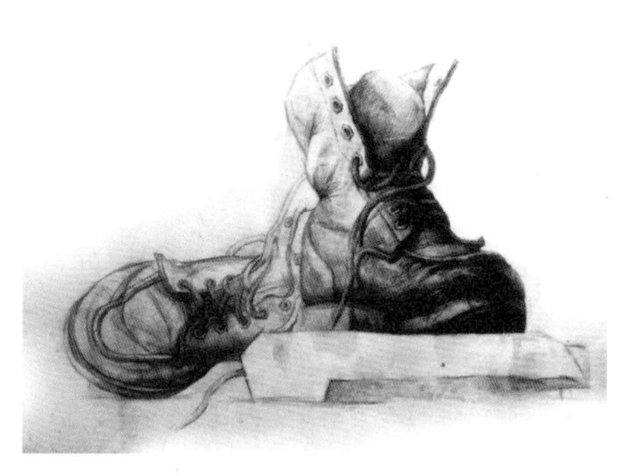

图3-5

3.1.2 设计色彩

色彩，简单地说，就是指当光线照射到物体后使视觉神经产生感受，而有色的存在。基于设计学科的专业知识，设计色彩解决的是如何以设计的视角和认识，理解与应用色彩的问题。在设计领域，色彩是设计造物活动真切存在的、不可分割与取代的重要因素，是从事空间设计及其他设计工作的必要前提和基础。设计者要能够理解一般的色彩知识，掌握和运用色彩规律，以此为设计工作服务（图3-6）。

图3-6

设计手绘表现图中的色彩，其主要目的是表述设计对象的色彩信息（色相、明度、纯度）及能够体现其物质属性的“质感”等内容，并通过一定的色彩艺术渲染，达到烘托气氛、突出表现设计理念的目的。表现图中色彩问题不同于一般意义上的绘画色彩，它是为设计的“客观物象”服务的，具有“图纸”的“说明”属性。在一定程度上，虽然也能表达设计者的某种个人“情感”，但更多追求的是设计物自身的色彩属性（固有色、质地），色彩的表现相对单纯化，“还原度”较高，主要关注的是图面中“大色块”之间的关系，如主体物、形态细节、投影、底色等几大要素。当然，适当的色彩“表现”还是需要的，但不可喧宾夺主，影响设计思想的准确传达。因此，设计手绘表现图的色彩运用应“理性多于感性”。

在空间设计手绘表现图中，设计者对于色彩的认知与运用应把握如下一些要素。

（1）重视对象固有色的表述。空间设计手绘表现图的重要职能就是准确、全面地表述设计信息，而信息的重要内容之一便是设计对象的色彩。因此，在具体的色彩表述时，色彩的运用应充分尊重设计对象的固有色，降低主观因素的色彩感知，做到尽量还原客观物象的“真实色彩”，以获得预期的“色彩设计”。尽管最终图面可能会缺少“情感”的表现，但却达成了必要的“说明”，减少了对色彩的“误判”（图3–7）。

（2）通过色彩对比、衬托，强化设计信息。有别于一般绘画色彩追求画面色彩的统一、协调，绘画者为了更为有力地说明设计对象的色彩属性，在尊重对象固有色的前提下，手绘表现图则利用色彩的色相对比、纯度对比、明度对比等手法，达到突出设计主题的目的和效果。因此，手绘表现图经常被画者评价为“色彩跳跃”，正是这种认知差别的体现（图3–8）。

（3）通过对色彩的适当省略，以求绘制效率等表现图特质的实现。为了使手绘表现图能够高效、快捷地完成，设计非主要表述内容采取少赋色（甚至不着色）的手法，是绘制工作常见的方式；或可言之，

图3–7

图3–8

绘制手绘表现图不追求作品如绘画般的完善程度，而重在高效地传达设计理念。在具体的实施中，对于重点描绘的主体内容，应不惜重彩；对于次要部分则可适当略过，点到即止。客观上，这种做法在满足绘制效率的同时，通过对色彩的虚实处理，可使图面的主旨更为鲜明与突出，别具一番“风格”。

3.1.3 “质”的因素

空间设计工作离不开具体实施的物质或非物质材料，因此，如何通过手绘的方式，在二维界面上生动、逼真的“虚拟”设计材料，便构成了手绘表现图以何表述的重要基础内容之一。对于手绘表现图“虚拟”设计材料，主要是依托不同笔法、赋色等手段描绘设计对象所用的材料质感，“模拟”不同材料的质地给人不同的视觉感受，以及相同材料经不同工艺处理形成的差异“面貌”，以实现全面、客观、真实传达设计信息的之目的。设计者在绘制表现图时，首先应熟悉各种常见材料、工艺的视觉及质感特征，还要掌握通过画笔绘制这些特征的技巧和方法，以求设计用材信息的快速、准确传达。需要说明的是，对于绘制工作“质”的把握，带有很强的经验成分。设计者要学会在设计工作之余，观察、揣摩与总结不同材料与工艺“质”的表述方式，并通过与他人的交流、修订，使这种“质”的表述成为能够体现设计者个性的通识性语言。同时，必要的设计素描、设计色彩的学习也是提高“质”的表述能力的重要途径。

根据空间设计中的常见材料与工艺，“质”的因素表述可大致分为如下几种类别。

（1）透光且反光材料。这类材料主要包括玻璃、透明塑料、水晶等。它们均具有反射、折射光线的特点，以透光为其主要特征，光影变化异常丰富。在刻画上，用笔要轻松、准确，建议依托“背景”，做明、暗关系的处理（图3–9）。

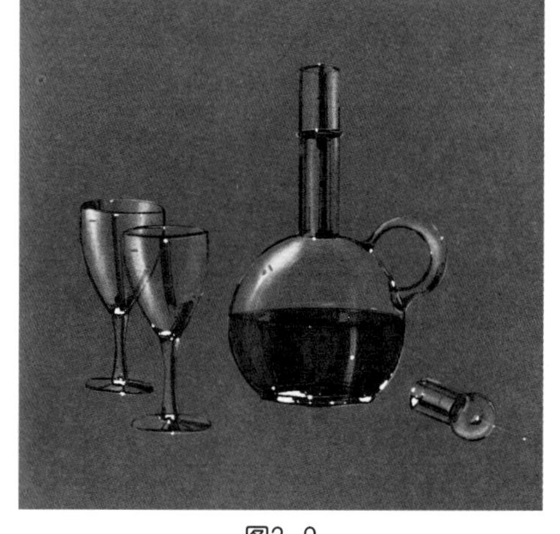
图3–9

（2）透光但不反光材料。这类材料包括如纱帘、磨砂玻璃等。表现时，应首先将这类材料的里外形象均大致绘出，呈现出透明状态，然后再刻画表面材质，降低透明度。应突出柔和、朦胧的视觉感受，切忌把高光和反光部分描绘得过于清晰（图3–10）。

（3）不透光但反光材料。这类材料在空间设计中运用较多，如金属、石材、木材、及皮革等（图3–11）。具体介绍如下。

①金属（亚光和电镀）。该类材料的特点是高反光，色调反差强，环境色介入较多，多用冷色系表现固有色，最亮的高光可用纯白颜料绘制或通过留白的方式实现。

②石材、木材。对于此类材料的描绘，在完成材料纹理绘制的同时，更要把握其稍弱于金属的反射特点。在二者的绘制上，不能出现反射表述大于纹理描绘的情形，以免出现属性不清、材质不明的误判。

③皮革。皮革的色调一般反差较弱，在表述时，重在色调的明暗变化，不宜产生明显高光，多采用“渲染”的表述方式，重点是“肌理、纹样”的描绘。

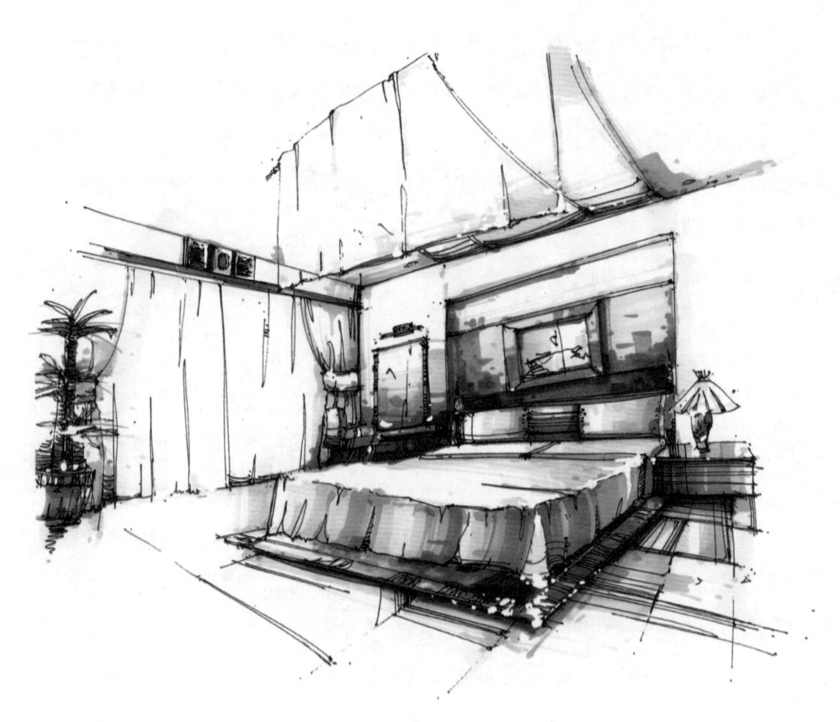

图3—10

图3—11

（4）不透光也不反光材料。这类材料包括未加工的木材、织物和植物等。在表述时，主要突出肌理、形状的描绘，表面不反光，高光弱。

3.1.4 透视学

绘制空间设计手绘表现图需要解决的核心问题是三维空间的二维化问题，即将三维空间在二维界面上通过视觉上的错觉“虚拟”呈现出来，形成二维化的三维影像。透视学及其规律的运用是解决这一问题的主要手段与方式之一。

“透视”是一个绘画活动中的观察方法和研究视觉画面空间的专业术语，通过这种方法可以归纳出视觉空间的变化规律。用笔准确地将三度空间的景物描绘到二度空间的平面上，这个过程就是透视过程。用这种方法在平面上得到的相对稳定且具有立体特征的画面空间，该画面被称为“透视图”。按照视线与画面所成的角度，透视图一般分为平行投影透视图和中心投影透视图。平行投影所形成的透视图能够真实地反映物体的“形状”，是机械、建筑制图中运用的投影方法；而中心投影所形成的透视图则表现的是物体的“相似形”，“真实感”、“现实感”是该种投影透视图的突出特点。

在表现图的绘制过程中，常用的透视图投影方法是中心投影（平行投影透视图也有所用，这主要是根据设计思想传达需要而定），即相当于以人眼为投影中心的中心投影。常用的透视图画法有：平行透视（一点透视）、成角透视（两点透视）和三点透视（斜角透视）。关于透视学的原理及各种透视图画法在相关书籍里均有较详细的介绍，在此不再陈述。对于如何在空间设计手绘表现图中有效、灵活而高效地运用各种透视图类型，应把握如下一些要素。

1）一点透视

一点透视，是指图面中只有一个灭点，其余主要透视关系均为平行于图面。一点透视表现图多用于表现结构相对简单、空间体量较小、设计信息量较少的空间设计。鉴于其简便、快速、易学等特点，是绝大多数手绘表现图最常选择的透视图类型。但这种透视图也存在一定的缺点和不足，主要表现为图面略显呆板，表现力、感染力较弱（图3-12）。

图3-12

2）两点透视

两点透视，是指图面中存在两个灭点，只有一组透视关系与图面平行。相对于一点透视图，两点透视图需要把握的因素较多，构图灵活、多样，图面也更为生动，富于表现力，是空间设计手绘表述中较为常见的透视图类型，为很多表述能力较强的人员所首选。该种类型的透视图适合于表述结构较复杂、空间体量适中、设计信息量较多的空间设计。由于两点透视涉及两个灭点，较之一点透视图，其绘制难度较大，处理关系较多，不易快速掌握，需要前期有一定程度上的理解与一定数量练习的“铺垫”（图3–13）。

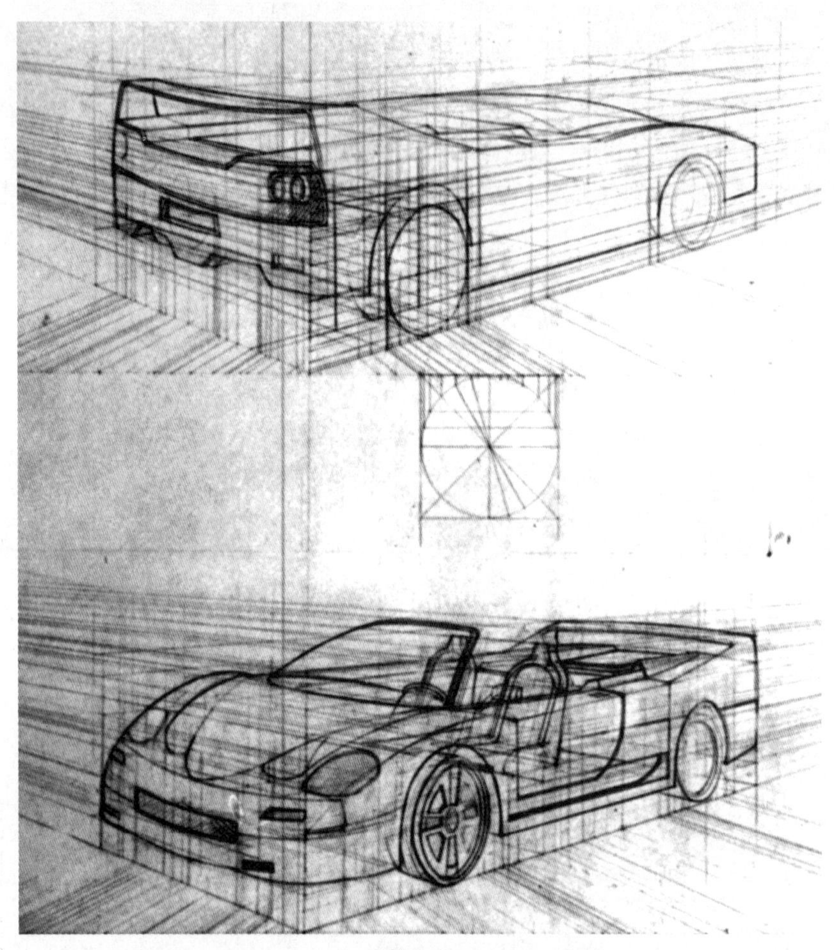

图3–13

3）三点透视

三点透视又称“斜角透视”，是指图面中物体三组特征面的透视分别消失于三个不同方向的灭点。较之一点、两点透视图，绘制三点透视图需要把握的透视因素更多。三点透视图的图面效果更为夸张与震撼，多用于表现高层建筑、大型空间与景观鸟瞰图的绘制。当然，这种透视图的绘制难度也最大，也最不易掌握。为了降低因精确绘制导致的繁琐与耗时，三点透视图的绘制往往采取“理性+感性”的绘制方法，即在较严格遵循绘制对象两组特征面透视关系的前提下，第三组特征面的绘制是凭借“视觉感受”来完成。这项工作的达成有赖于绘制者拥有较强的绘画“功底”（图3–14）。

值得注意的是，各种透视图的运用因“设计对象”及个人表述能力而定，以有效、高效地表述设计为目标，不必纠结于必须采用何种透视关系。同时，由于各种透视图的绘制方法大多是以理想化、近似化的方式处理问题，并非是必须严格遵循“法则”。因此，对于透视的认知与掌握，应以理性训练为途径，以感性运用为目标，反对刻板、机械地理解与实践，其重点在于掌握透视学的原理、方式，而非其繁琐、具体的求证。殊不知，完美、科学的透视图是可以通过三维软件而轻松获得。在手绘表现图的绘制实践中，尤其是设计草图的绘制，常常是依靠设计者长期的设计实践经验与深厚的“造型”功底，凭借“感性”进行绘制，而非严格遵循透视图画法的“法则”求得。

图3—14

3.2 工程图学

工程图学是一门以图形为研究对象，用图形来表达设计思维的学科。在工程技术界中由于“形”信息的重要性，工程技术人员均把工程图学作为其基本素质及基本技能之一来看待。在空间设计领域，鉴于其主要工作对象为建筑（室内、室外）及其环境系统，因此，这里所讲的工程图学特指建筑图学。建筑图是建筑设计和施工的根据，建筑图样能够依托“图学语言”的专业通识性，将建筑物的艺术造型、外表形状、内部布置、结构构造、各种设备、地理环境以及其他施工要求，予以准确、详尽而清晰地表述。就空间设计手绘表现而言，建筑图学的掌握重在识图与用图，而此举的目的在于了解设计对象，并以“表现图”的形式指导施工。因此，对于空间设计手绘表现图的绘制，认识与掌握必要的建筑图学及其相关知识，其意义尤为重要。

在具体实践中，建筑施工图是建筑图学的主要表现形式，是用来表示房屋的规划位置、外部造型、内部布置、内外装修、细部构造、固定设施及施工要求等内容的图纸。它包括施工图首页、总平面图、平面图、立面图、剖面图和详图等图纸类型。

3.2.1 总平面图

总平面图亦称“总体布置图”，它是按一般规定比例绘制，表示建筑物（构筑物）的方位、间距以及道路网、绿化、竖向布置和基地临界情况等。它表明了新建房屋所在基础有关范围内的总体布置，反映了新建、拟建、原有和拆除的房屋、构筑物等的位置和朝向，室外场地、道路、绿化等的布置，地形、地貌、标高等以及原有环境的关系和邻界情况等内容。总平面图同时也是房屋及其他设施施工的定位、土方施工以及绘制水、暖、电等管线总平面图和施工总平面图的依据。就空间设计手绘表现图而言，总平面图提供了空间设计基础性、总体性与全局性的信息、制约条件与既定目标，在绘制前期设计草案阶段，其指导意义与实用价值重大；同时，采用和遵循总平面图的制图规范及要求绘制手绘表现图，也是一种常见的空间设计表述形式（图3—15）。

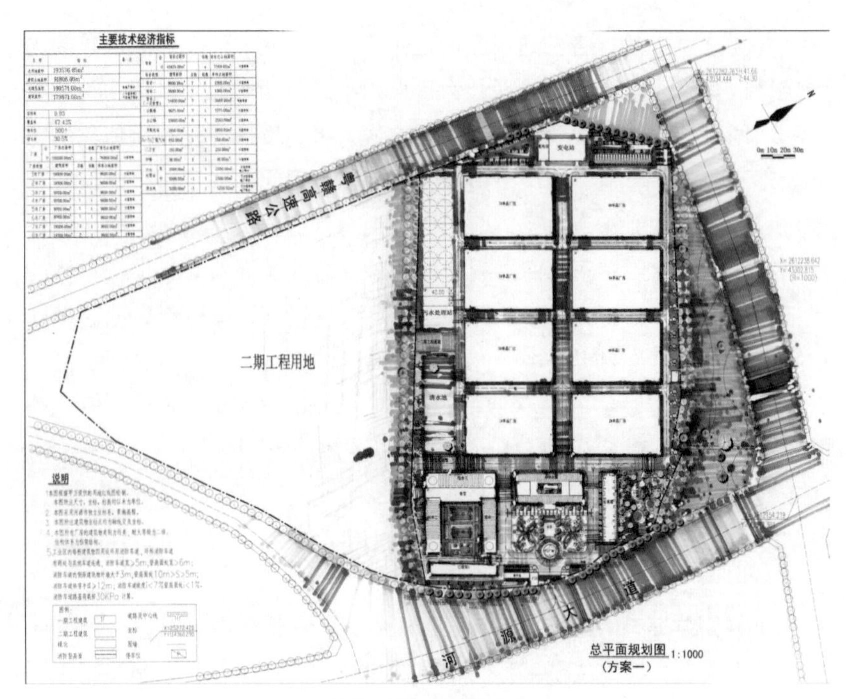

图3-15 总平面图

3.2.2 平面图

建筑平面图，又可简称平面图，是将新建建筑物或构筑物的墙、门窗、楼梯、地面及内部功能布局等建筑情况，以平行投影方法和相应的图例所组成的图纸。建筑平面图作为建筑设计、施工图纸中的重要组成部分，它反映建筑物的功能需要、平面布局及其平面的构成关系，是决定建筑立面及内部结构的关键环节，主要反映建筑的平面形状、大小、内部布局、地面、门窗的具体位置和占地面积等情况。

同总平面图相比，平面图给予的信息更为具体，设计诉求更为明确，是构成空间设计工作得以展开、进行所必需的重要基础和支撑因素。其中，建筑平面图按工种分类划分的建筑施工图、结构施工图和设备施工图等，不但是设计实施的依据，也是手绘表现图绘制的内容和形式之一（图3-16）。

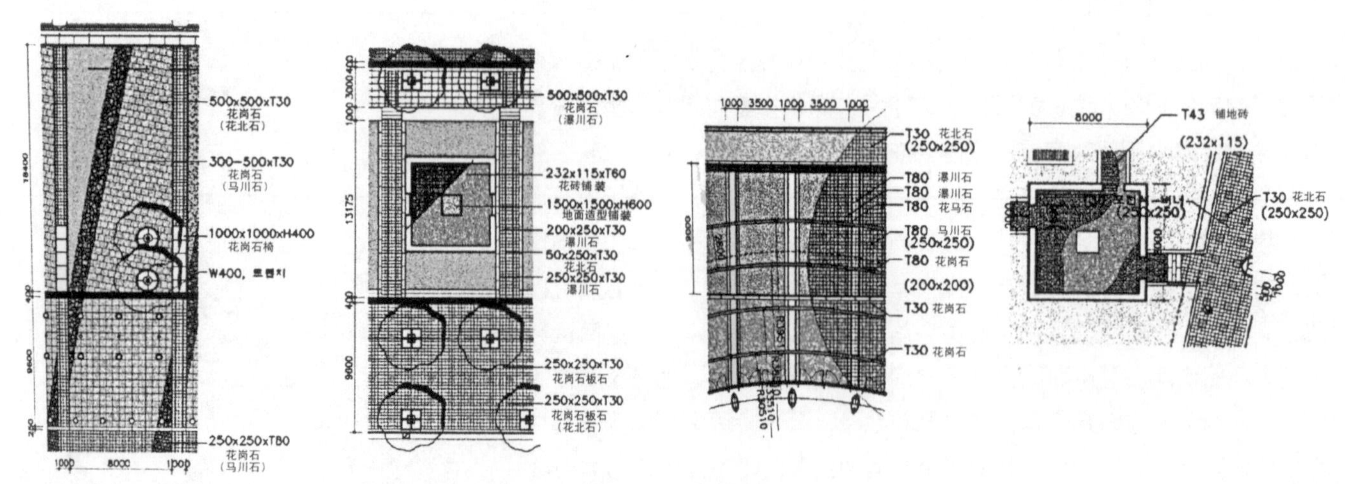

图3-16 平面图

3.2.3　立面图

立面图是建筑物外墙在平行于该外墙面的投影面上的正投影图，是用来表示建筑物的外貌，并表明外墙装饰要求的图样。立面图的表示方法主要有以下两种：对有定位轴线的立面图，宜根据两端定位轴线编注立面图名称；无定位轴线的立面图，可按平面图各面的方向确定名称。也有按建筑物立面的主次，把建筑物主要入口面或反映建筑物外貌主要特征的立面称为正立面图，从而确定背立面图和左、右侧立面图。其中，反映主要出入口或比较显著地反映出房屋外貌特征的那一面立面图，称为正立面图；其余的立面图相应称为背立面图，侧立面图。较之平面图，立面图侧重于空间立面设计信息的表述，其表述的规范及方法是空间设计手绘表现图表达空间“立面设计信息”的重要手段与方式之一（图3–17）。

图3–17　立面图

3.2.4　剖面图

假设用一个或多个垂直于外墙轴线的铅垂直剖切面，将房屋剖开，所得的投影图，称为建筑剖面图，简称剖面图。剖面图用以表示房屋内部的结构或构造形式、分层情况和各部位的联系、材料及其高度等，是与平面图和立面图相互配合的不可缺少的重要图样之一。在空间设计手绘表现图的绘制中，采用剖面图的绘制方法是进行空间设计细节结构说明与阐释的重要手段（图3–18）。

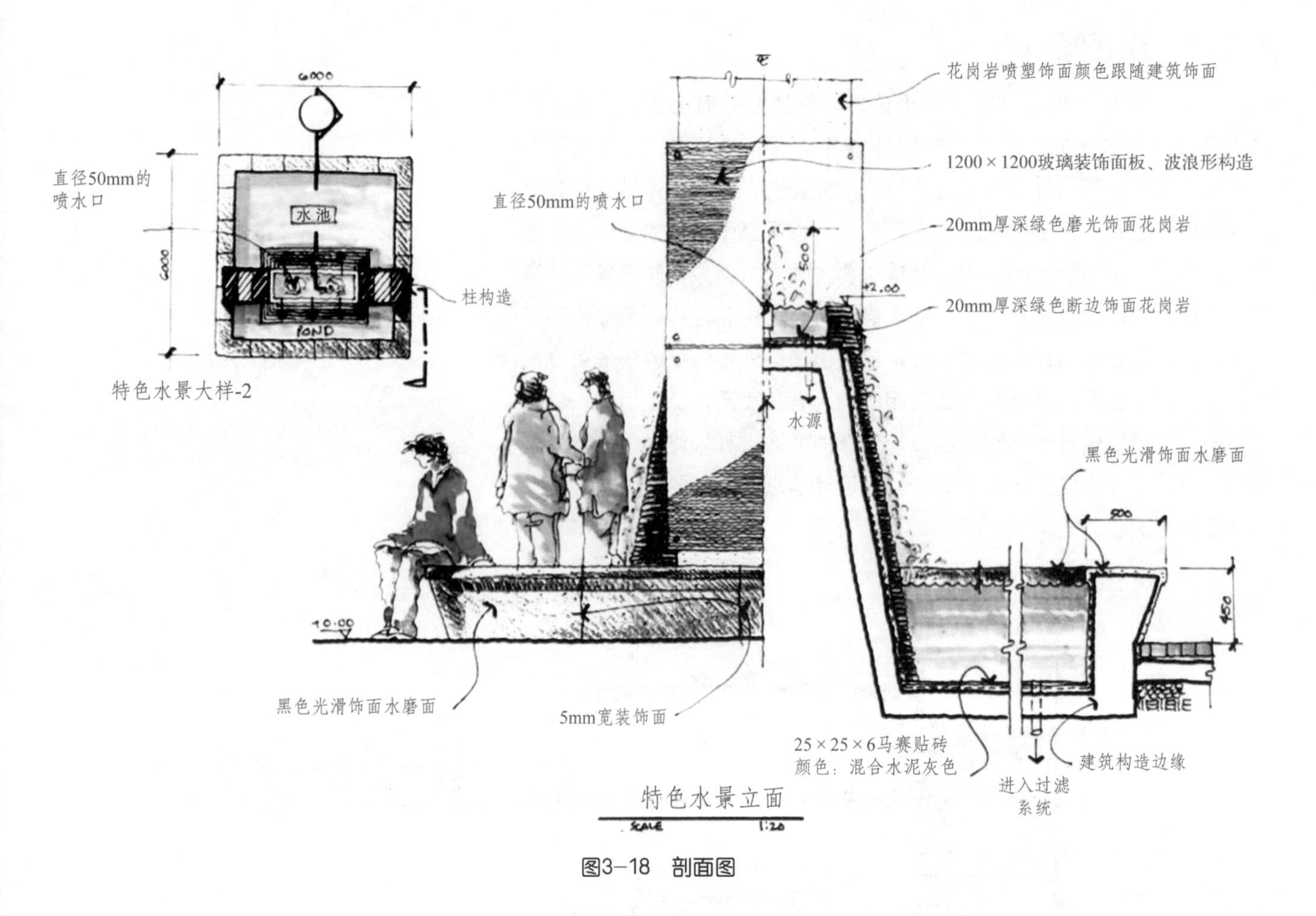

图3–18　剖面图

3.2.5　详图

详图是因为在原图纸上无法进行有效、详尽表述而绘制的辅助图纸，也叫节点大样图。建筑详图是建筑细部的施工图，是建筑平面图、立面图、剖面图的补充。因为立面图、平面图和剖面图的比例尺较小，建筑物上的许多细部构造无法表示清楚，根据施工需要，必须另外绘制比例尺较大的图样才能表达清楚。采用建筑详图的方式绘制设计手绘表现图，对于达成设计理念的全面、深入与有效的阐释，具有积极意义。同时，在该类表现图中，添加必要的文字说明、活跃的注释标注及表现性的材质处理，会丰富与拓展建筑详图的表述形式，增添详图的“感染力”（图3–19）。

3.3　设计理论基础

空间设计手绘表现图的绘制不是单纯地如绘画般表现“自我”，无拘无束。设计必须解决实在的、具体的现实问题，服务于因设计对象不同形成的差异化诉求。就空间设计而言，不同的空间类型决定了不同的设计对象，而不同的设计对象必然有诉求不同的设计理论与之契合。因此，学习和掌握不同空间类型的相关设计理论，是手绘表现图具有针对性、科学性所必须具备的。

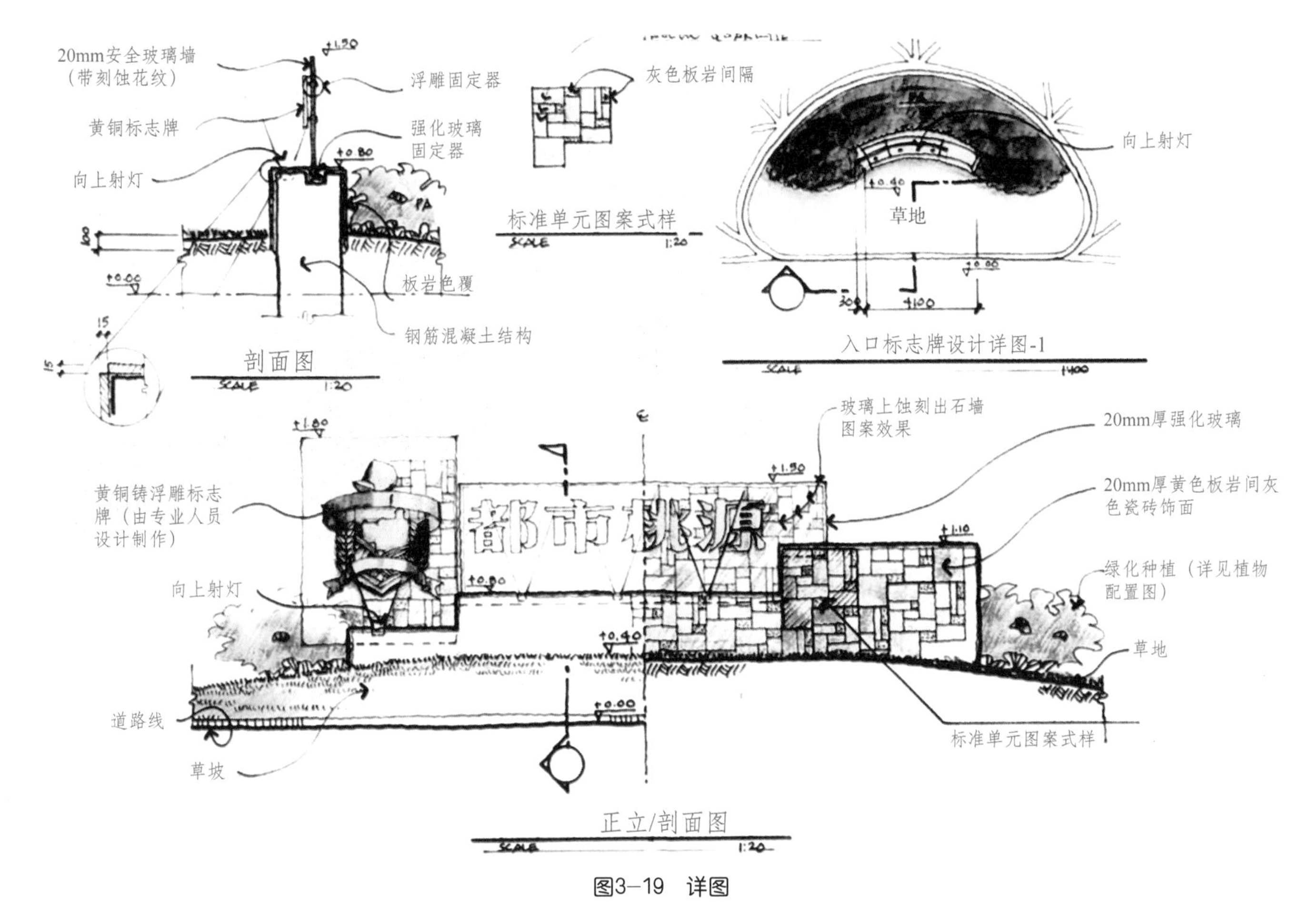

图3-19 详图

3.3.1 室内设计

室内设计作为现代设计的一门新兴学科专业，是根据建筑物的使用性质、所处环境、相应标准和用户要求，运用相关的设计学理与方式及对应的物质技术手段，创造功能合理、舒适优美、满足人们物质和精神生活需要的室内环境。此类型的空间设计既要具有使用价值，满足相应的功能要求，同时也要反映特定的历史脉络、建筑风格、环境气氛等精神因素。

在室内设计手绘表现图的绘制中，了解、掌握必要的室内设计内涵、分类、要素、原则及风格、流派，是确保绘制工作有法可依、有章可循的基础与必要条件。其中，室内设计内涵、分类的认知明确了绘制的内容和对象；要素与原则的把握构成了绘制工作的基准和方向；风格与流派的熟知则有助于图面“表现力”的达成（图3-20）。

3.3.2 景观（园林）设计

景观（园林）设计针对的是空间设计的室外范畴，它是在传统园林理论的基础上，具有建筑、植物、美学、文学等相关专业知识的人士对自然环境进行有意识改造的思维过程和筹划策略。具体来说，就是在一定的地域范围内，依托相关的设计理念，运用园林艺术和工程技术手段，通过改造地形、种植植物、营造建筑和布置景观道路等途径创造美的自然环境和生活、游憩场所的过程。通过景观设计，使环境具有美学

图3-20　室内设计

欣赏价值和日常使用的功能，并能保证生态可持续发展。在一定程度上，景观（园林）设计体现了人类文明的发展程度和价值取向及设计者个人的审美观念。

针对此领域的手绘设计表述，明确景观（园林）的内涵、分类、特质与发展趋势及时代特征，理解景观（园林）设计的指导思想，掌握景观（园林）设计基本原理等，是绘制工作必备的基础知识。同时，对于各类植物、花卉的分类和生态习性及其相关施工养护管理等知识的必要了解，更是完成设计工作依托的重要常识性认知（图3-21）。

图3-21　景观设计表现

3.3.3　建筑设计

建筑设计是指建筑物在建造之前，设计者按照建设任务，把施工过程和使用过程中所存在的或可能发生的问题，事先做好通盘的设想，拟定好解决这些问题的办法、方案，并以图纸和文件的形式表述出来。建筑设计所要解决的问题包括：建筑物内部各种使用功能和使用空间的合理安排；建筑物与周围环境、与各种外部条件的协调配合；内部和外表的艺术效果，各个细部的构造方式；建筑与结构、建筑与各种设备等相关技术的综合协调；以及如何以更少的材料、更少的劳动力、更少的投资、更少的时间来实现上述各种要求。其最终目的是使建筑物具备适用、经济、坚固、美观等多项功能（图3–22）。

图3–22　建筑设计

针对建筑设计的手绘表现图绘制是建筑学专业从业者必须掌握的基本技能之一。而与建筑及建筑设计相关的结构学、设备学、都市规划学、景观学等理论常识与设计规范的学习、掌握，是进行科学、有效手绘表述的基础性工作。

3.4　工程理论基础

空间设计手绘表现图绘制的最终目的和功能在于指导“施工”，而工程施工离不开对于相关用材及其施工工艺的掌握。因此，必要的空间工程理论的学习，是确保手绘表现图表达的设计理念得以落实，具有实践可操作性的重要保障；同时，对于基本工程理论的掌握也有助于科学化、规范化空间设计手绘表现图绘制内容与方法。

3.4.1 室内设计工程

按照室内空间的构成分类，室内设计工程的内容包括了地面、墙面、门窗、棚面等界面的常用材料及其施工工艺；按照室内空间的功能划分，则包括了居室、卫生间、客厅、接待厅、电梯间等特定功能空间的材料选择原则与施工方法。当然，电路、水路、绿植、陈设等隐蔽工程和附属设施的施工工艺，也是应该考虑的内容。以墙面石材设计为例，设计者不但应了解石材的干挂与湿挂两种工艺，更要掌握工程使用石材的常见尺度规格（300×200、300×300、300×450）（图3–23）。

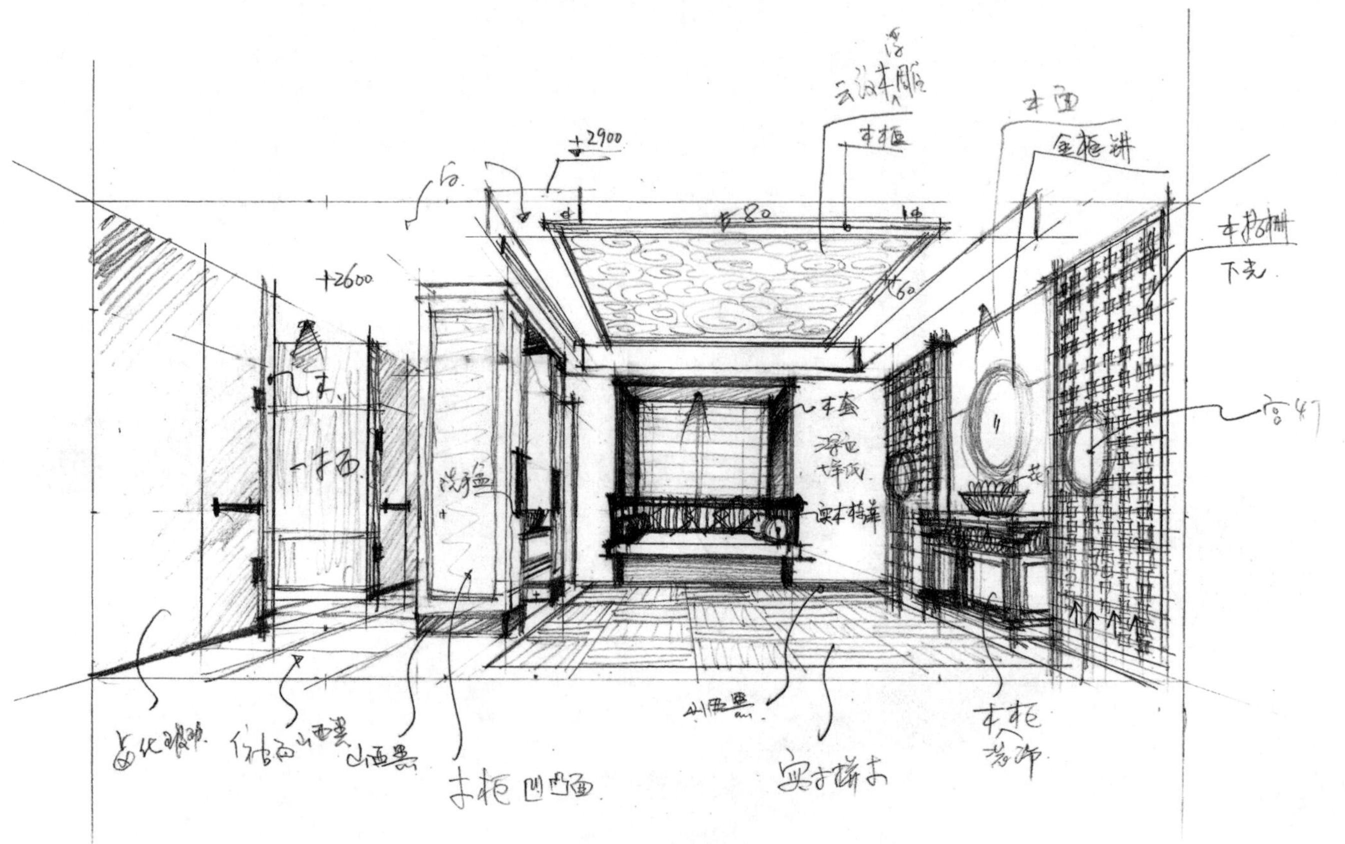

图3–23 室内设计图

3.4.2 景观（园林）设计工程

相对于室内设计工程，景观（园林）设计工程涉猎的工程门类多，所涉及的技术领域广，相关的知识体系也更为复杂与繁琐。内容包括与之相关的生态、人文学科知识及法律常识；硬质景观（铺装、路缘、石栈台、台阶、围墙等）的材质类型和做法；常用植物材料的生态习性、种植设计方法；水景、地形施工方法；工程项目管理等知识。此外，对城市规划知识、建筑及构造、简单的砖构、混凝土结构、轻钢结构、道路、防火、停车、排水、管线、弱电系统、灯具、音响以及喷灌等知识均应有所了解（图3–24）。

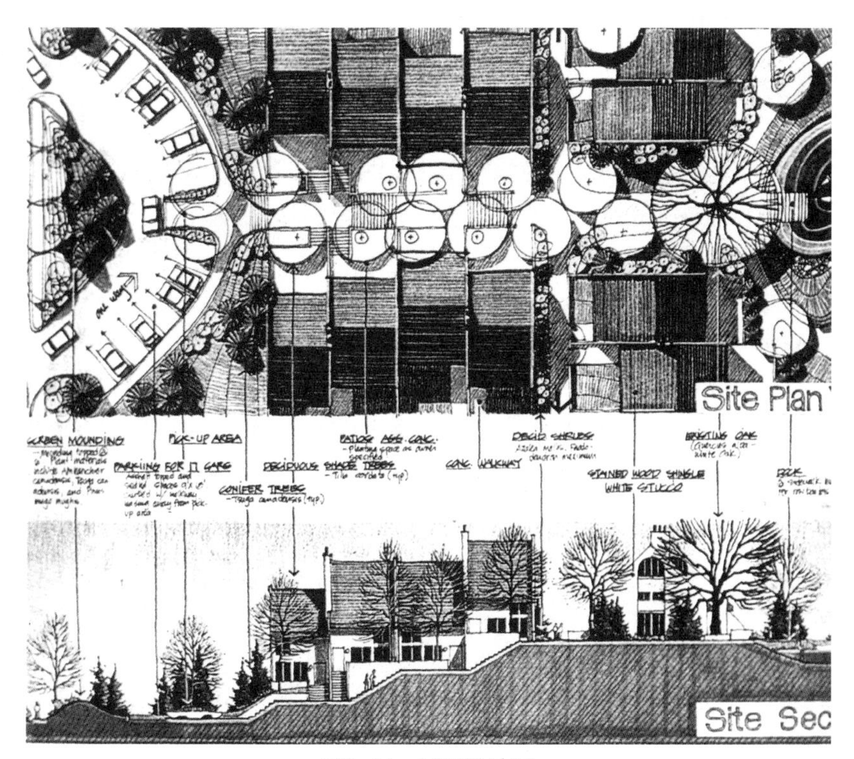

图3-24　景观设计图

3.4.3　建筑设计工程

作为专业性、技术性与系统性较强的工程领域，建筑设计工程主要包括建筑工程技术、建筑工程项目管理、工程监理、道路桥梁工程技术、建筑施工五个方面的专业知识。就手绘表现图的绘制需求而言，重点应了解建筑材料、地基与基础、钢筋混凝土结构、砌体结构、钢结构及基本的建筑施工技术等。同时，由这些知识架构、呈现的建筑外部表现形式与规范要求，是必须予以高度重视与掌握的重要知识储备（图3-25）。

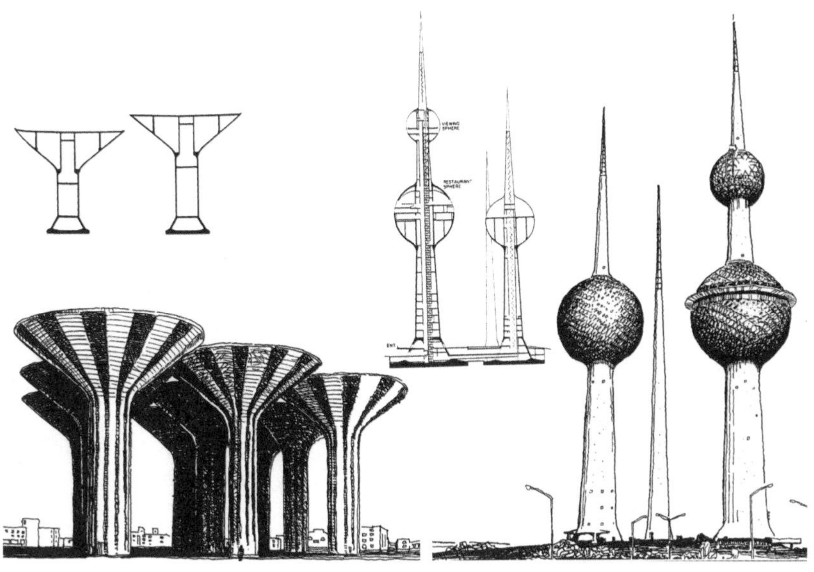

图3-25　建筑设计工程图

小结

本章节内容的价值与意义在于，提供空间设计手绘表现图必要的知识与技能储备，满足绘制工作对于科学、理性及“底蕴”的诉求，为绘制插上强壮的“翅膀”。

习题

1. 采用适当透视学方法，绘制1套家居空间设计手绘表现图，包括客厅、卧室、餐厅等空间设计。

2. 采用工程图学的绘制方法，绘制1张景观（园林）设计手绘表现图。

第4章 如何表述——理论篇

教学目标

通过对空间设计手绘表现图的认知原则、绘制原则和构图要素等内容的剖析与讲解，厘清和掌握空间设计手绘表现图如何表述的相关理论，为如何表述的方法篇学习奠定基础。

教学重点

理解与掌握空间设计手绘表现图的认知原则、绘制原则和构图要素。

教学难点

以恰当的案例诠释空间设计手绘表现图的认知原则、绘制原则和构图要素。

如何表述是对于空间设计手绘表现图的绘制依托何种原则，遵循哪些要素，以及采取何种方式、方法等具体实践问题的回答。对于依托何种原则，遵循哪些要素，主要涉及的是绘制空间设计手绘表现图的相关理论。由于绘制空间设计手绘表现图与绘画、设计与工程等领域存在着密切关系，因此如何表述的理论也必然与之同音共律、表里相依。

4.1 认知原则

依循认知心理学，认知是指人们认识活动的过程，即个体对感觉信号接收、检测、转换、简约、合成、编码、储存、提取、重建、概念形成、判断和问题解决的信息加工处理过程，是通过心理活动获取知识的途径和方式。在空间设计活动中，设计者正是依托设计表述的形式与手段，使他人（其他设计者、用户）通过形成概念、知觉、判断或想象等过程认知“设计”。因此，如何达成一个高效、直观、降低“歧义”存在的设计表述，是设计者应予以高度重视的问题（图4-1）。

图4-1

4.1.1 工程性原则

作为空间设计手绘表现图的特性之一，遵循工程性原则是实现高效认知的重要保障。以“制图”为主要语言的工程施工图具有较高的专业性和行业认可性，无论是在图形信息传递，还是尺度设定、细节描述等设计信息的传达，均有着较好的行业“共识”，极易在设计者与他人之间形成高效的良性沟通。因此，有效地利用这一“原则”是达成空间设计手绘表现图设计信息科学、准确表述的途径与策略之一（图4-2）。

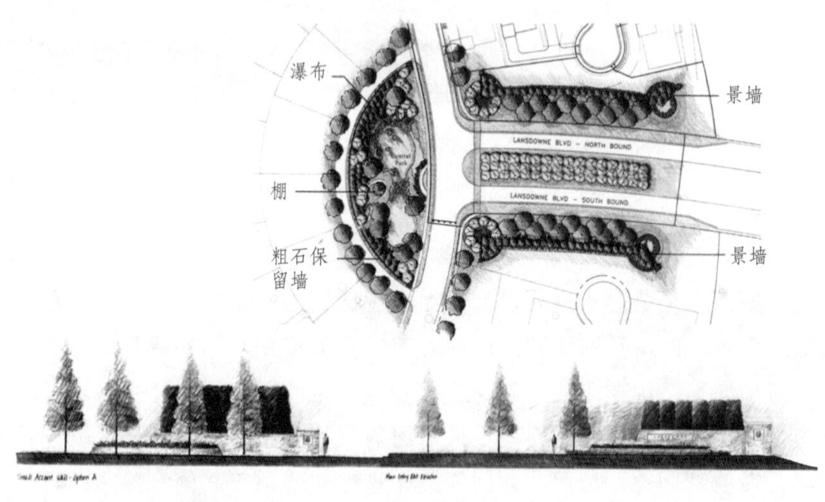

图4-2

4.1.2 艺术性原则

空间设计手绘表现图区别于一般工程制图的最大特点与优势便是它的“艺术性”。空间设计手绘表现图的艺术性，是指设计者表述设计理念和传达设计思想所体现的审美表现程度。在空间设计手绘表现图中，艺术性主要表现在通过线条、色彩、光影效果、布局和对比度等因素，表现设计者审美意境所达到的程度。通过空间设计手绘表现图的艺术性原则把握，不但可以富于“激情”地表述设计，还可以依托艺术的感染力唤起人们更多的联想与体验，而这种更多的“收获”甚至会超出设计者原来的理念设定，进而实现设计表述更高层面的“认知”（图4-3）。

图4-3

4.1.3 通识性原则

基于上述两项原则的指导，工程性满足了空间设计手绘表现图绘制工作的科学、规范与准确诉求，而艺术性的有机介入则确保了绘制成效的魅力得以彰显。二者的最终目标是空间设计手绘表现图表述信息的“通识性”，即经手绘表现图表述的空间设计信息应该是一种通用语言。在设计者与他人之间，这种通用语言应是不存在或较少产生“隔阂”的设计语言，是一种无需过多诠释，一眼即明的“信号”。为了实现设计表述语言的“通识性”，一方面，手绘表现图的“工程性”应兼顾非专业人群的认知，把握一定程度的“通俗性”；另一方面，在绘制表现图时，艺术表现的介入需掌控一定的尺度，找准“激情”与“科学”的契合点。总而言之，通识性原则就是要求空间设计手绘表现图的绘制应力图兼顾来自各方面的认知信息，以一种大家都能读得懂、看得清、认得明的语言来表述设计，提升设计效率（图4-4）。

图4-4

4.2 绘制原则

4.2.1 信息原则

对于表现图的绘制，采取何种透视方式，如何选择视角、视线、灭点等绘制要素，需要传递的“设计信息”是关键性的指导要素。如何在有限的“纸面空间”内展示更多的设计信息，将最出色的“设计要点”尽情地、全方位地展现出来，无疑是绘制表现图的目的和价值所在。一般来讲，设计信息量大的空间部分（主要的设计内容）肯定是占据“图面”的大部分区域，更为精细的刻画也多集中于此；而相对非主要的设计对象，或只起到“配景”和营造氛围作用的对象，则多采取适当概括、提炼的手法，置于图面的较小区域。更多地呈现主体设计对象信息，并确保传递信息的有效性和准确性，是绘制信息原则的目的与价值所在（图4–5）。

图4–5

4.2.2 预留原则

手绘设计表述是一个将设计意念转化为设计具象的过程，该过程具有较强的互动性。在表现图绘制过程中，随着设计形象逐步跃然于纸上，呈现于眼前，设计理念与思路会因图面视觉信息的良性反馈而不断得到深化与更新，出现设计的“再认知”现象。而设计的“再认知”必然导致现有表现图的修订、补足和调整，不断地以新的物象“替换”原有的视觉呈现，以满足设计理念更新的需要。这种积极互动效应的“负面结果”是，表现图会因“修改”而出现线条的交叉、过量及色彩不到位等“不妥之处”。尽管设计者可以通过“涂改液”、“后期处理”等手段予以一定程度的弥补，但它造成的影响却不容忽视。最明显的影响就是，“乱”、“脏”、“差”的“视觉呈现”会不同程度地制约设计信息的高效表述，也会影响设计者理念的顺利表达和设计信息的良性反馈。所以，在绘制表现图之前，“前瞻性”地做一些图面空间的预留工作，是避免过多非预设问题发生，保证图面拥有良好呈现效果的重要工作（图4-6）。

图4-6

4.2.3 虚实原则

基于绘画因素的考虑，绘制表现图也存在着“虚实”处理问题。但与一般绘画不同的是，在手绘设计表现图的绘制中，遵循绘画“虚实”处理关系的同时，还应兼顾手绘设计表现图的“说明”性，即图面内容“虚”与“实”如何处理、怎样处理，必须以能够有效、生动地“说明”设计对象为目标，而非单纯的艺术表现。基于此，写实与写意相结合的绘画技法是手绘设计表现图借鉴的常见技法。其中，写实技法主要用于绘制设计主体对象，写意技法则用来表述“配景”、“氛围”等次要对象。同时，在表现图中，并非严格遵循绘画“近实远虚”的规律。在绘制表现图时，首先要选择“焦点清晰区”（图纸要表现的重点区域和主要对象），该区域多位于图纸的“居中”位置，是写实技法重点应用的区域；而由此及远、及近的对象均可予以“虚化”处理（图4-7）。

图4-7

4.2.4 造型原则

在绘制表现图，尤其是绘制快速手绘表现图时，对于造型原则的把握是绘制工作的关键因素之一。在手绘表述中，设计造型的架构主要是依托用线和着色来完成，因此造型原则就是指绘制用线和着色应遵循的方式和方法。以用线为例：首先，线条应具有塑造形体和表现空间的能力，包括用线来刻画形体结构，说明空间属性、关系等；其次，线条的绘制还应体现一定的理性和刚性，以满足作为施工图纸的属性诉求；再

图4-8

次，根据表现对象“属性”的不同，有区别地选择和使用宽窄、粗细不同线条。一般来说，“刚性、挺拔”的线条适合表现“空间结构、陈设产品”等无生命的对象，而“弹性、变化”的线条则适合表现“软质、水、布、植物”等“有生命的对象”（图4-8）。

同时，线条的“经营（或考虑）”也应得到重视。在表现图的众多线条中，除了用于绘制基本造型的线条外，还有一部分线条是为了“表现造型”而绘制的。其中包括：为塑造“形体质感”绘制的线条，塑造“形体属性（面向、转折、放置）”绘制的线条，“渲染活跃”图面氛围绘制的线条等。在表现图中，此类线条虽一般处于“辅助”和“从属”地位，但这些线条往往成为“图面”是否精彩、优劣的重要因素。在具体的绘制中，大致应遵循以下5个原则：①按照透视方向绘制，以保证图面的“空间感”；②沿着形体的“走势”绘制，以确保形体的“扎实”；③按照投影、倒影方向绘制（一般是“纵向”），以产生图面的“秩序感”；④控制具有活跃气氛作用的线条“数量”，以避免图面零乱；⑤该类线条的“粗细、虚实”一般不应超过塑造空间和形体的主线条等（图4-9）。

图4-9

4.2.5 效率原则

设计手绘表现图的绘制，尤其是绘制设计草图（快速表现图），应严格控制绘制的“时间”，以确保设计表述效率的达成。高效的设计表述一方面有助于记录设计者的瞬时设计灵感，将设计者的所思所想及时传递给他人，实现第一时间的设计信息反馈；另一方面，作为设计活动与进程的物化形式表现，高效率地绘制设计表现图也是设计者设计能力的体现，是确立设计者自身“形象”，建立委托人设计“信心”的有力武器。绘制表现图的效率高低因人（绘制者）、因物（绘制对象）、因事（用途）而定，总的原则是，绘制的时间不应超过相应的“电脑”绘制时间。倘若表现图的绘制时间过长，一则“阻碍”了瞬间设计灵感的“爆发”；二则手绘表现图无法同逼真的电脑表现图相比，其结果更是得不偿失。当然，对于初学者而言，建议的做法是：适当地延长绘制时间，通过反复的揣摩和精细的推敲，以获得“效率提升”必要的经验与心得（图4—10、图4—11）。

图4—10

图4—11

4.3 构图要素

构图，简而言之就是图面布局与规划。作为绘制手绘表现图的前期与过程中重要与主要工作之一，良好的构图有助于完整、高效地展现设计构思，为设计理念的表述提供一个合理而又活跃的“舞台”空间。经营构图时要把握以下几个要素。

4.3.1 主次关系

在确定构图前，首先要明确图面表述的重点与要点，并据此选择合适的构图形式。在绘制中，设计主体占据图面的“分量”、“面积”要适宜，小则空，大则胀。同时，应把图面主体部分（主要表述的信息）置于图面的视觉中心；也可根据设计理念的需要有所突破，或可通过虚实关系的把握予以处理。恰当、合理地处理图面的主次关系，既是图面最终效果的达成，也是绘制工作效率原则的体现（图4–12、图4–13）。

图4–12

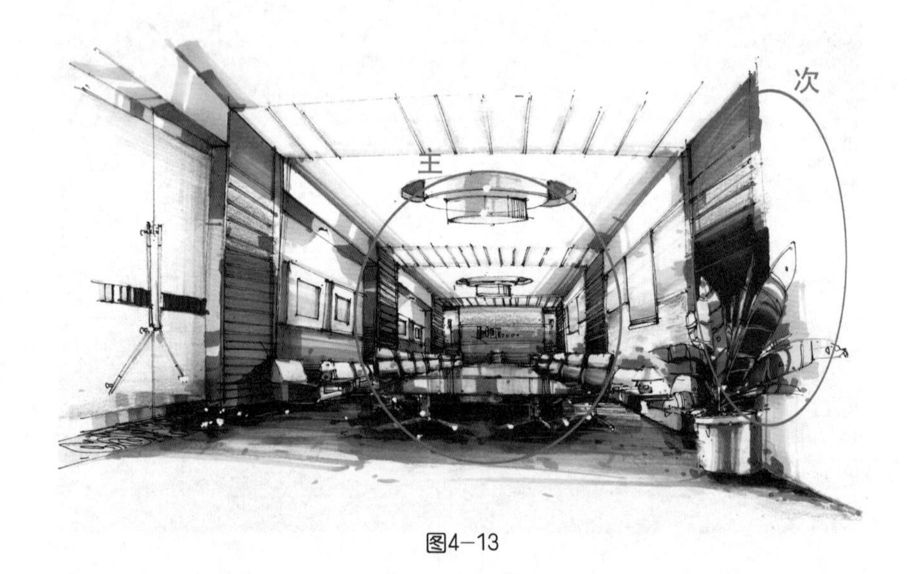

图4–13

4.3.2 空间关系

远景、中景和近景是一张表现图需具备的三个基本层次，三者关系的正确处理是准确、生动表述设计理念与有效建立空间尺度的基础与条件。在具体绘制中，图面重点表述的设计主题（核心主体）一般置于中景，要求刻画细致、对比关系强烈、色彩纯度较高。远景和近景的绘制对象多用作烘托主体和营造空间关系之需。其中，远景的对象包括远处的树木、建筑、山脉、天空、窗外的景致等；近景包括近处的行人、汽车、盆栽植物等。在处理远景和近景时，对象塑造的深度、精度及笔墨数量要弱于中景对象，通常采用写意、概括的方式来处理（图4–14）。

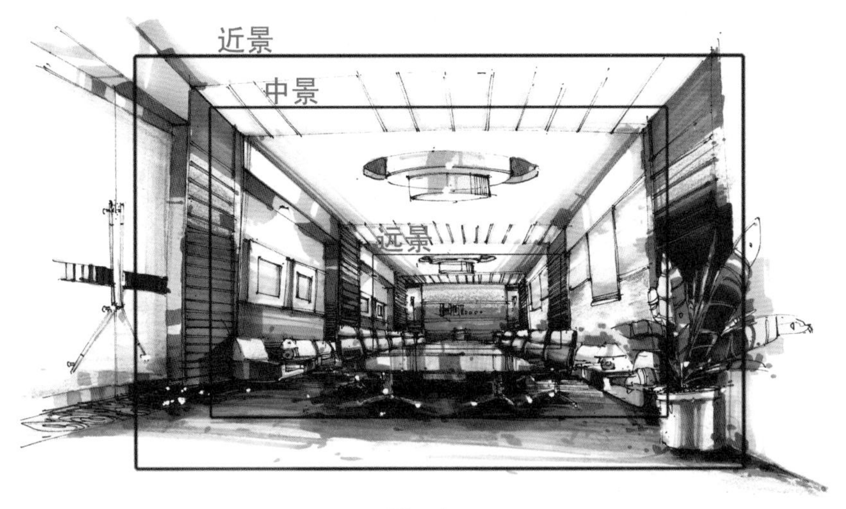

图4—14

4.3.3 色彩关系

在表现图的着色环节上，色彩关系的把握主要是指利用色彩的特征和属性来经营构图。色彩的特征包括色相、明度与纯度。不同的色相、明度和纯度能够表述设计对象不同的物质属性及不同对象之间的主次关系、空间位置等。在实践中，灵活运用与重视色彩的属性，可以起到事半功倍的效果。比如，利用色相反差关系，架构主体物与塑造配景；图面的适当留白，形成高明度的图面色彩关系，在达成绘制效果的同时，还能够产生轻松飘逸的视觉感受；通过色彩纯度的变化，实现空间前后进深关系等（图4—15）。

图4—15

认知原则、绘制原则与构图要素是达成如何表述和指导绘制实践的理论支撑。需要说明的是，这些原则与要素不是金科玉律，只是笔者长时间绘制工作的总结与归纳，带有指导性、经验性与个人色彩，尚有修订、补足与拓展的空间。因此，在绘制空间设计手绘表现图时，这些理论应成为烂熟于心、融汇于行动的“思想”和“意识”，而非束缚与制约的“规定套路”。无招胜有招，手绘表现图的绘制应是原则前提下相对自由的个性展现。

小结

正确理解、体会与把握认知原则、绘制原则与构图要素是实现空间设计手绘表现图高效、优质的重要依托。单纯依靠大量临摹范例的“题海”战术是不足取的“勤奋”。

习题

1. 通过观摩、临摹范例，理解空间设计手绘表现图的认知原则、绘制原则与构图要素。

2. 运用认知原则、绘制原则与构图要素，绘制1张家居空间设计手绘表现图。

第5章 如何表述——方法篇

教学目标

通过空间设计手绘表现图如何表述的途径、线稿绘制、着色原则及配景案例等内容的讲解与剖析，旨在达成与建立相对科学、正确的表述方法。

教学重点

结合实际案例讲解与论证，掌握手绘设计表现图的途径、线稿绘制的相关事项与绘制着色的原则。

教学难点

深刻理解与掌握线稿绘制的相关事项与绘制着色的原则。

作为一项具体的设计实践活动，相关的表述理论使空间设计手绘表现图的绘制过程有章可循，而与表述理论相契合的实践方法论则提供了绘制工作应采取的方式与策略，使其有法可依。由于空间设计手绘表现图的绘制颇具“经验成分”，又同设计、绘画与工程存在着千丝万缕的联系，因此，其绘制方法论便具有了一定意义上的开放性、拓展性与时效性，是一个因人而异、动态发展的体系。具体的方式与举措如下。

5.1 途径

5.1.1 照片临绘

照片临绘是指通过临摹、绘制特定空间实景照片的方式进行学习的方法。特定空间的实景照片是经“照相机”捕捉到的空间形态的瞬时影像，其画面构图、对象虚实、主次关系与透视关系等都是照相机镜头直观而科学的给定，形成的是相对静止的空间画面。通过照片临绘，一方面为学习者提供了一幅经过镜头语言科学表述的“表现图”，降低了对于初学者把控复杂空间绘制的能力要求（观察、处理和理解眼前各种“景致对象”及其关系的能力）；另一方面，照片图像有相对静止的特点，满足了学习者长时间反复推敲、揣摩与归纳的绘制需要，便于达成读懂空间、了解空间和表述空间的目的（图5–1）。

图5–1 照片临绘

5.1.2 作品临摹

鉴于绘画者对空间的理解与观察能力的打造，照片临绘虽可发挥一定的作用，但临绘的对象是静态的“图像”，不是“手绘语言”。所以，在提升把握和运用“手绘语言”能力方面，照片临绘的学习方法就会显得捉襟见肘，作用有限。而临摹优秀的手绘图作品却能弥补这一不足，是一个不错的学习途径。

作品临摹是绘画与书法学习的常见方法。它是通过临摹成功、优秀的空间设计手绘表现图的方式，达到提高认知、理解与掌握“手绘语言”之目的，工作的重点在于对优秀表现图的绘制经验、方法、技巧等方面的揣摩、总结和借鉴。在临摹作品时，带着问题去思考、临摹是值得提倡的方式、方法。学习者应注意总结临摹的体会与心得，并结合自身的能力加以整合、取舍与拓展，进而逐步形成具有自己“风格”、“特点”的绘制方法。一味单纯地依靠大量临摹、照猫画虎和生搬硬套式的学习方法，是不足取的（图5–2、图5–3）。

5.1.3 写生

写生是直接面对客观对象进行描绘的一种绘画方法，根据描绘对象的不同，有风景写生、静物写生和人像写生等多种分类。在现代设计的专业学习中，写生是培养、造就认知能力和造型能力的重要手段与途径。就空间设计的手绘表现图而言，写生的价值与特点主要体现如下。

（1）培养敏锐、科学的空间观察力，高效地捕捉“杂乱”空间中富于“设计价值”的信息（图5–4）。

图5–2　作品临摹一

图5–3　作品临摹二

图5-4　景物写生一

（2）提高对现实空间整理、概括与提炼的能力，避免停留在对“景致”的简单“再现”的层次上（图5-5）。

图5-5　景物写生二

（3）注意要对空间信息真实、客观地“记录”，减少个人主观因素的所谓“表现”，确保获取、收集和积累原始素材的“价值”（图5-6）。

图5-6　景物写生三

5.1.4　设计随笔

作为设计师，要养成随时、随地记录设计思维和构想的良好习惯。许多优秀的设计作品都源于一个不经意间的灵感迸发，将其及时地捕捉、整理下来，以直观的形式体现在纸面上，这种工作的内容和形式就是设计随笔。设计随笔的内容可能仅仅是一个天马行空、不着边际的意念，甚至是“空想”，其形式也可能略显粗糙，不够精致和完美。但不可否认的事实是，很多的“绝妙创意”和“惊世之举”便诞生于此。设计随笔记录的是我们日常生活中瞬间的生活感悟和即时的创意构想，其手段与形式常常不拘一格，具有积累设计素材、记录设计思维价值的同时，设计表述能力也会在“漫不经心”的绘制之中得到提升，可谓一举多得（图5-7、图5-8）。

图5-7　设计随笔一

图5-8　设计随笔二

5.2 线稿

依托画线工具完成的设计图稿称为线稿。线稿是以“线”作为主要的造型绘制手段，优秀的线稿设计图既可单独成图，也是“全要素空间设计手绘表现图”（包括形、色、质等要素的表现图）的重要前期基础阶段，是其工作有效展开，获得优质效果的保障。在线稿绘制中，应把握如下一些事项。

5.2.1 力的把握

在手绘表现图的绘制中，应用不同“力度”的线条是表述、体现不同属性对象的方法与策略之一。比如，稳、匀的大力度线条，主要用于绘制墙体、地板、钢结构等带有“机械加工”属性的对象，以表达其“工程性”；跳、弹的小力度线条，适合绘制植物、布质、水体等具有“自然”属性的对象，以表现其“生命力”；重力度线条适合绘制近处、重点对象；力度较小的线条用于表述远处与次要景致（图5–9）。

图5–9 “不同力度”线条的表述

5.2.2　线条的运用

基于上述对用线力度的把握，决定了笔下线条会呈现出不同的状态，比如粗细、曲直、长短、刚柔、虚实等。这些富于变化且具有特定属性的线条语言，经过质的处理、透视学与工程图学等因素“指导”，能够通过“交织”、“排列”、“组合”等方式形成预想的空间设计图样，使图面具有一定表述特定“设计”的能力。绘制空间设计表现图，线条的运用应关注以下几个方面。

1）服务造型原则

因力的差异而形成的线条变化不是为了追求“花哨”的笔法，而在于满足设计理念表述之需，服务于设计对象的具体架构。对于办公空间设计手绘表现图的绘制，主要线条应力求严谨、刚劲，凸显空间的“职能”属性；绘制园林设计手绘表现图时，应多选择富于动感、柔和的线条，彰显“生命”的存在；对于家电、公共设施的塑造，应多运用流畅、硬朗的线条，传递“技术”的信息；花卉、绿植的绘制，选择活泼跳跃、实中有虚的线条更能符合其属性的需要（图5-10）。

图5-10　实中有虚的线条运用

2）营造空间

手绘表现图的营造空间是指在二维界面内生动、真切地表述三维空间信息的行为与方式。以手绘表现图营造空间的方式多样，包括透视学的应用、运用绘画语言、使用工程图学等。在绘制实践中，通过绘制富于变化的线条是促使、辅助这些方式达成的重要因素之一。这种线条变化包括：粗线变化，形成形体的透视关系；虚实变化，表述形体的构成形式；长短变化，活跃空间的气氛等（图5–11）。

图5–11 营造空间的线条运用

3）材质表现

运用线条绘制空间设计，不仅是描绘空间与形体的造型，还需应用线条诠释对象的物质构成，表现对象所用的材料工艺。运用线条表现材质，主要是应用绘画技巧或工程图学规范的表述方式，“模拟”设计用材的视觉呈现形式。通过线条表现的常见材质属性包括：地板光感的表现、地毯纹样的描绘、树干肌理的绘制、玻璃质感的刻画等。需要说明的是，利用线条表现材质属性大多是以单色的形式予以呈现，更为形象的表述还需借助色彩的辅助渲染。同时，线条绘制可以较为“细腻”地进行材质表现，可大大缩短赋色时间，色彩的渲染只是表述对象的色彩属性而已（图5–12）。

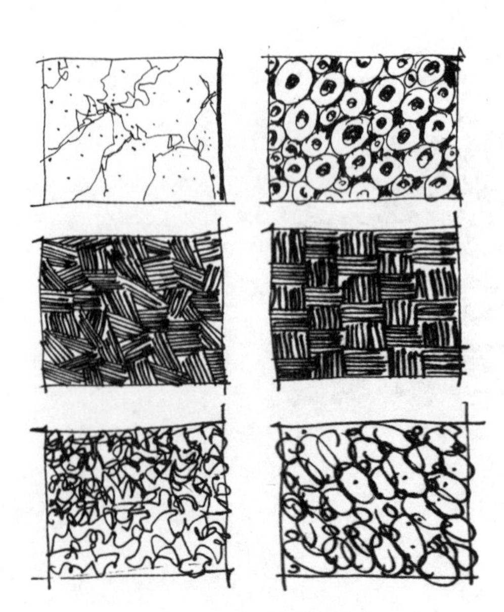

图5–12 不同材质的线条运用

5.3 着色

正如上文中对于线稿部分的相关诠释所述，着色并不是空间设计手绘表现图的必须工作，单色的线稿同样可以作为设计的“成稿”出现。着色工作的价值与意义在于：较之单色线稿，它能够更为全面、生动、真实地表述设计信息，尤其是对设计对象色相、质感等内容的传达。

5.3.1 色相

着色工作的前提和基础是设计“线稿”，经着色之后的线稿，最大变化是色相的呈现。色相是色彩的首要特征，是各种不同色彩得以区分的最准确的标准。因此，着色工作的第一步是选择符合设计要求的色相。在绘制实践中，具体的做法是：首先，要选择设计对象固有色的色相绘制对应的形态，如选用红色绘制“红色沙发”，选择棕色表述“地板”等；其次，根据绘制形态的收光方向、形体走势等因素，以固有色的色相为“基准”，选用明度、纯度调整后的“新固有色”，渲染色相变化后的形态；最后，依据环境、情感等因素，采用相应的色相并予以“补足、修正”。由于空间设计手绘表现图具有的“工程”属性，所以着色的首要工作是设计对象固有色的选用。而手绘表现图的“艺术性”则决定了表现环境、情感因素色相的重要“辅助地位”（图5–13）。

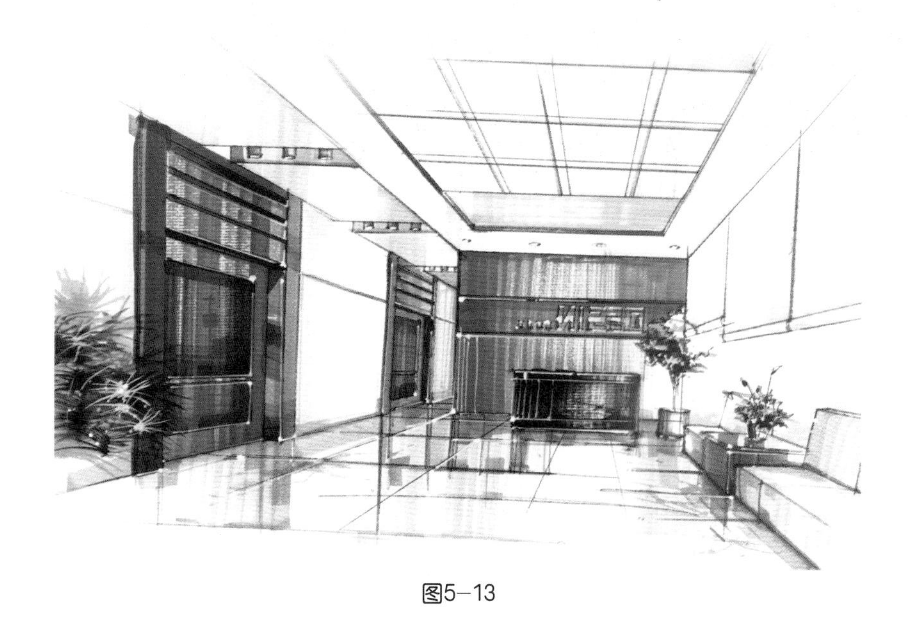

图5–13

5.3.2 质感

“模拟”、“描绘”设计选材是着色工作的另一项重要任务。基于现阶段着色工具的特点，常见的主要着色颜料均具有一定的透明属性（水彩、马克笔色彩等）。因此，其工作内容表现为两种形式：一是依托线稿的辅助性渲染，相对“细腻”的线稿已经将对象的纹理、肌理表述得足够“全面”，着色完成的只是辅助性的“色相”信息；二是相对独立、完整的工作，如果出现线稿未对设计材质予以全面刻画的情况，那么主要的质感表述就会由着色工作单独承担。上述两种“质感”着色方法的选择，主要取决于绘图者的习惯与兴趣，不存在优劣之分。同时，关于“质感”的着色技法，根据常见的颜料特性，水彩、国画、粉彩画等相关画种的技法均可作为借鉴，当然也包括个人绘制经验的总结（图5–14～图5–16）。

图5–14

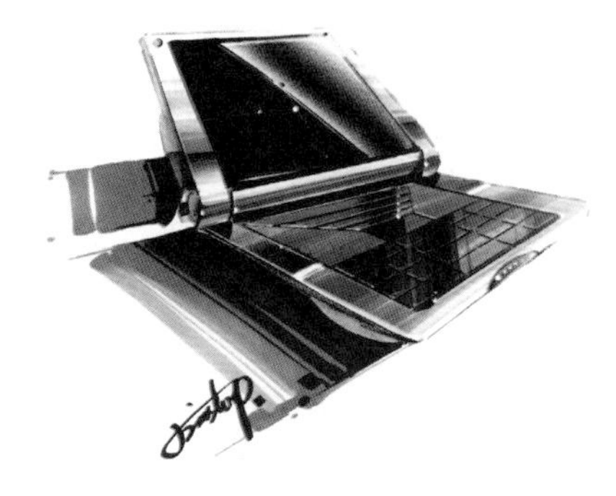

图5–15

图5—16

5.4 配景

配景是指设计图稿中的家具、家电、植物、花卉等非主要设计对象的总称。配景是整张设计表现图的附属部分，虽不是设计的核心所在，但适当的配景绘制往往会起到烘托设计主题、丰富设计语言、锦上添花等作用，是一项值得重视的工作；倘若草率对待，也可能出现败笔，甚至毁了整幅作品。同时，由于配景处于附属地位，若在此花费过多的时间和笔墨，势必会造成顾此失彼、得不偿失的窘境。因此，配景的绘制应把握简练、概括、生动、快速等原则。利用设计闲暇时间，针对某一类或某一组配景，多画、多总结、多提炼，是手绘表现图绘制者常见的训练方法。值得注意的是，大量配景素材的绘制，一方面积累了经验，提升了绘制效率；另一方面，借助计算机图像处理软件，可以在空间设计的基本框架内（完成对地面、墙体与棚面等主要设计内容的绘制）将配景素材快速地“配置”、“合成”其中，形成“计算机辅助版”的手绘表现图。

空间设计手绘表现图的常见配景及不同的表述形式如下。

5.4.1 家具

家具的空间设计手绘表现如图5-17～图5-19所示。

图5-17

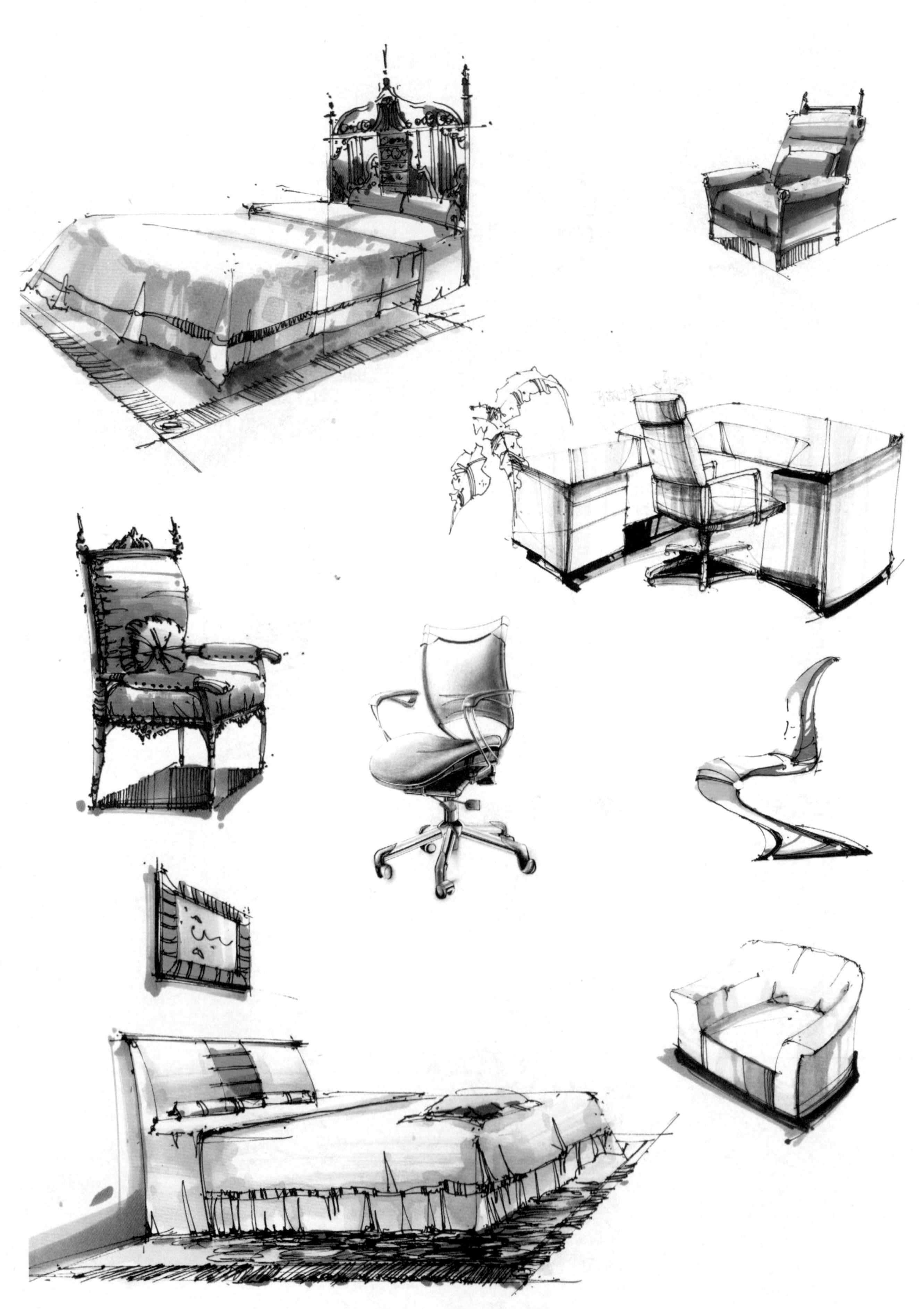

图5-18

图5-19

5.4.2 家电

家电的空间设计手绘表现如图5–20所示。

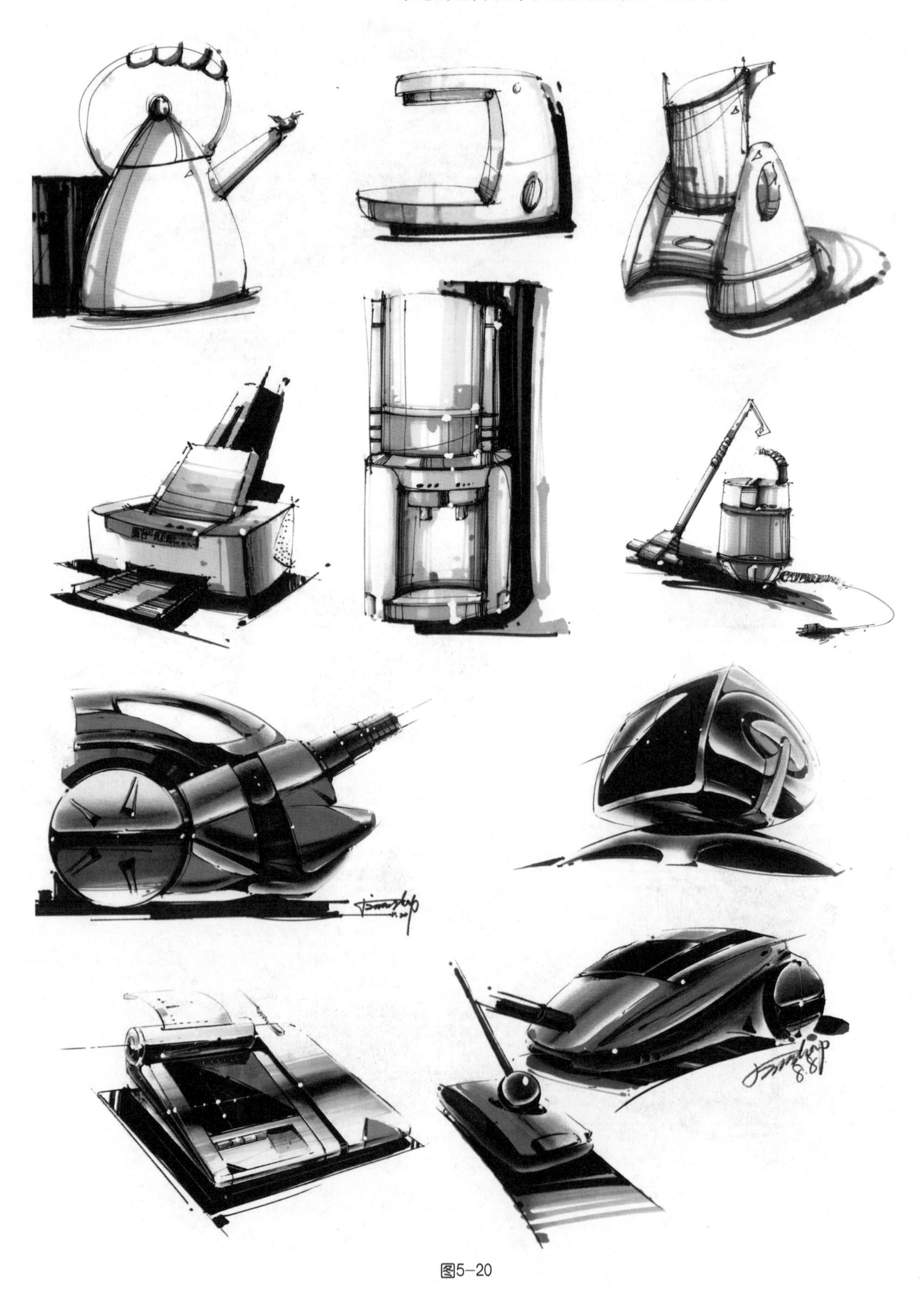

图5–20

5.4.3　植物

植物的空间设计手绘表现如图5–21～图5–26所示。

图5–21

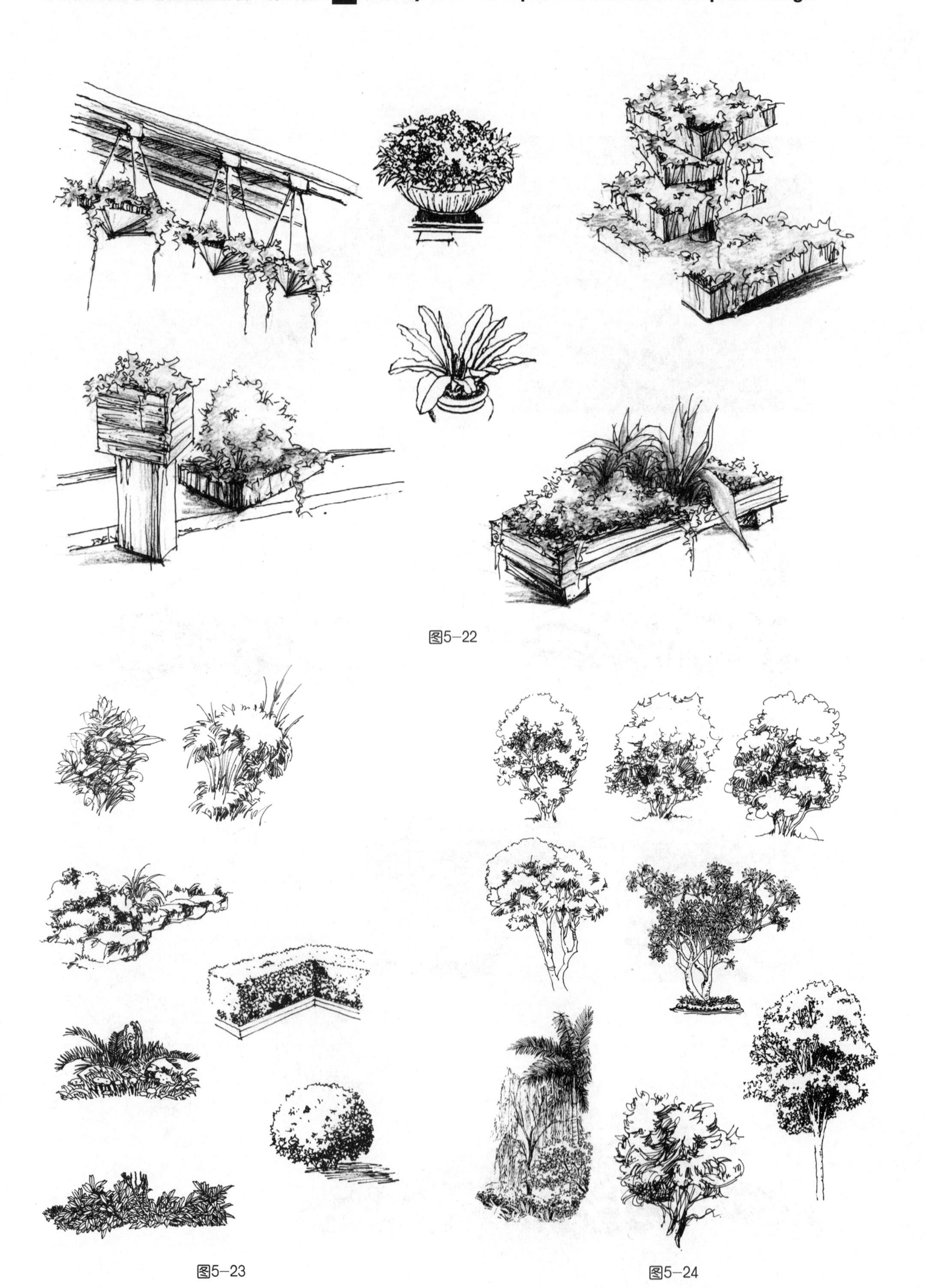

图5-22

图5-23

图5-24

图5-25

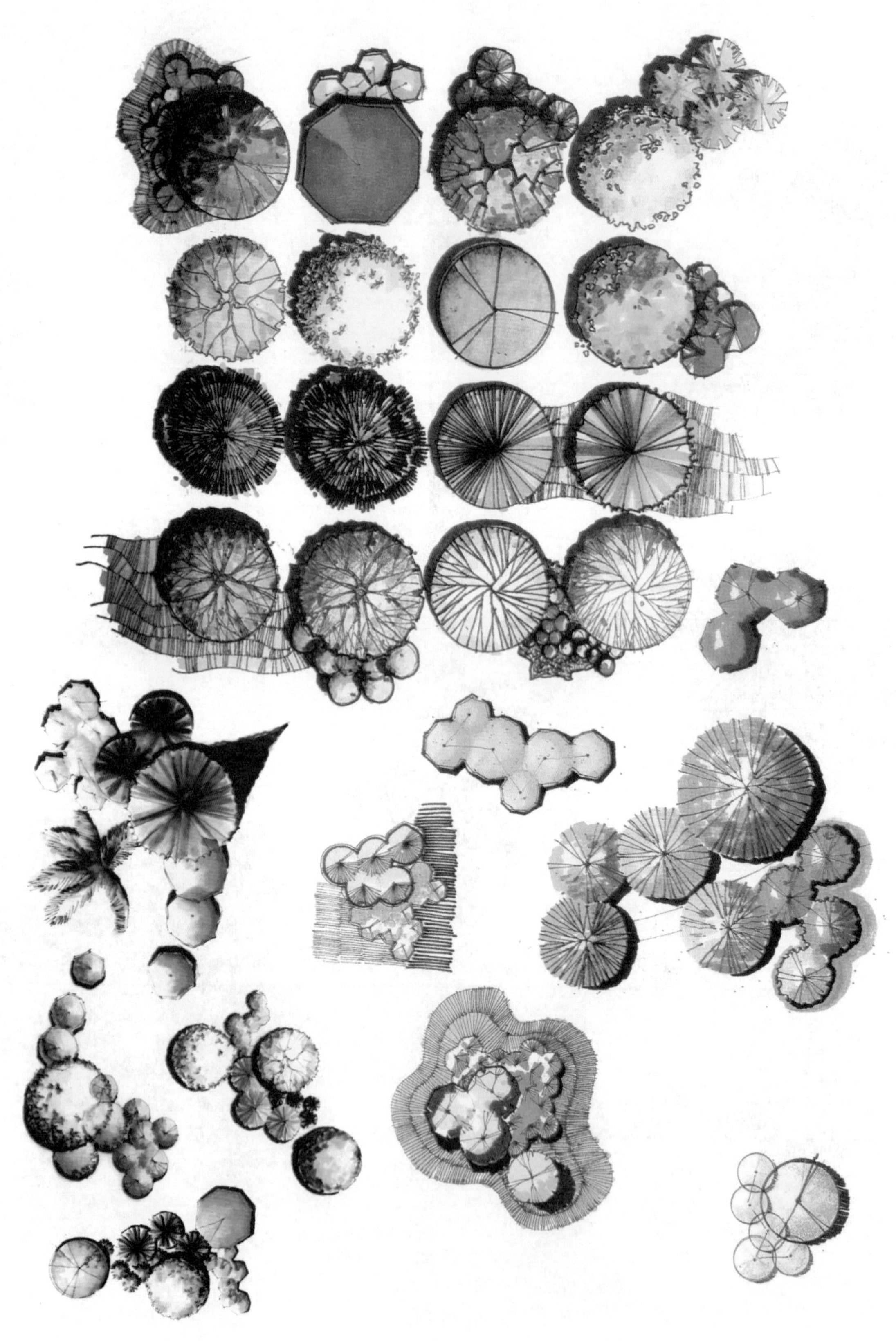

图5-26

5.4.4 人物

人物的空间设计手绘表现如图5-27～图5-29所示。

图5-27

图5–28

图5–29

5.4.5　陈设

一些陈设的空间设计手绘表现如图5-30所示。

图5-30

5.4.6 交通工具

交通工具的空间设计手绘表现如图5-31、图5-32所示。

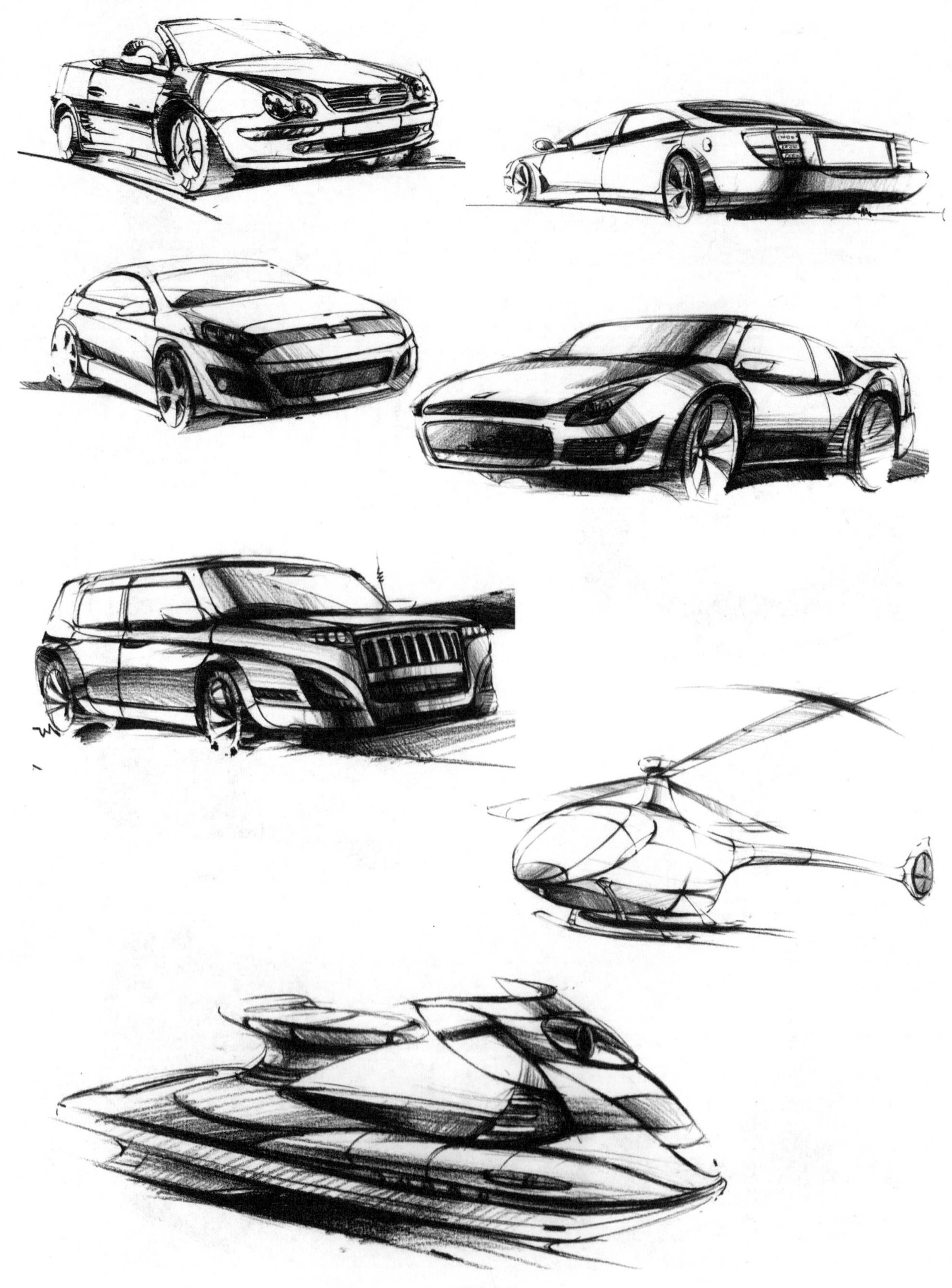

图5-31

图5—32

5.4.7 公共设施

一些公共设施的空间设计手绘表现如图5-33所示。

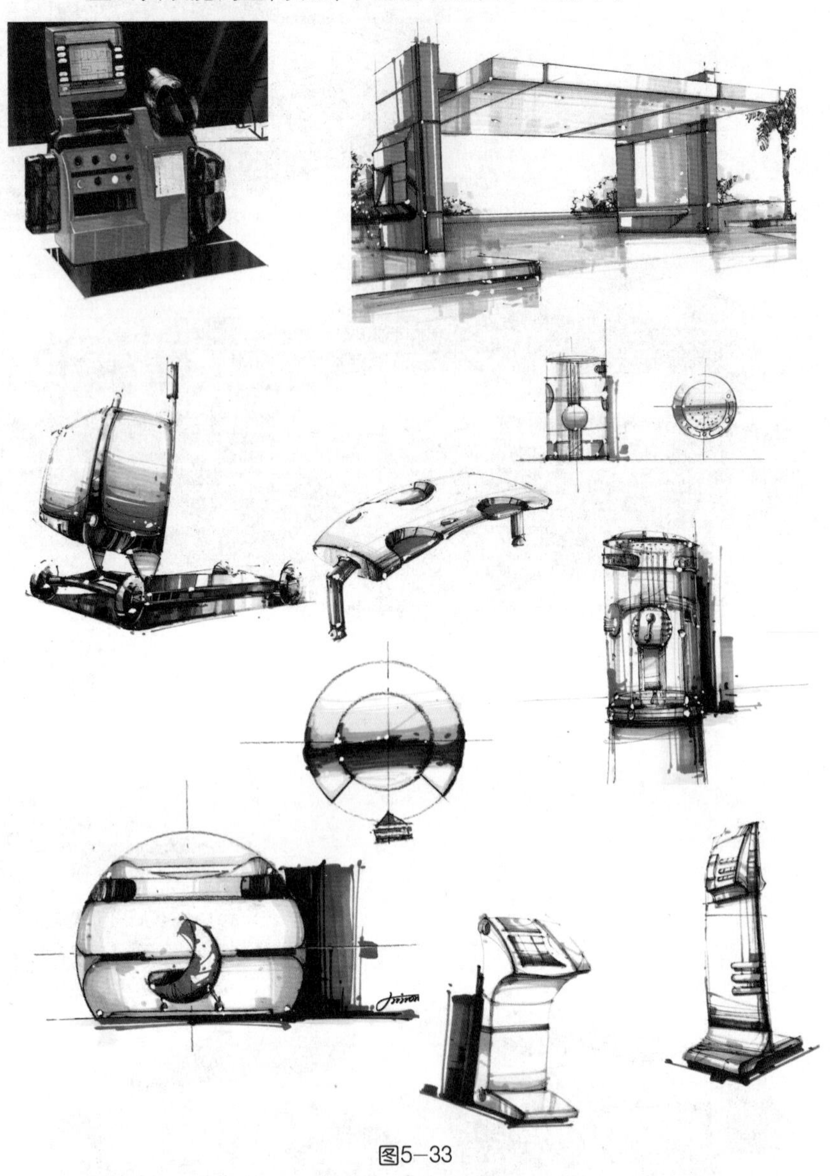

图5-33

小结

空间设计手绘表现图的绘制方法论是本章的主要内容。表现图的绘制方法论是一个构建于大量实践基础上相对科学、可行的“经验”方法论。它具有较强的开放性、拓展性与时效性。对于上述方法论的理解与掌握应是灵活的、变通的与批判性的，机械、教条和刻意排斥的学习方法和指导思想是不可取的。

习题

1. 临摹2张具有代表性的成功案例（室内、景观各1张）。
2. 绘制1张室内设计的线稿作业，同时完成该线稿的着色工作。
3. 根据类别的不同，完成不同技法的配景绘制。

第6章　设计表述——案例篇

教学目标

通过对6种不同类型空间设计手绘表现图的分步骤讲解与说明，达成对相关学理与方法论的理解、认知与掌握。

教学重点

6种不同类型空间设计手绘表现图的实践演示与分步骤讲解。

教学难点

实践与理论相结合，提升对相关学理与方法论的理解、认知与掌握。

空间设计手绘表现图是对设计意向推敲、深化与完善的二维视觉化表述，是对设计合理性、实际可操作性及施工工艺等设计诉求的具体验证与深度考量。在进行空间设计手绘表现图的绘制时，对相关学理及方法论的理解与认知是必要的依托与保障，而通过特定案例绘制工作的分解剖析和分步骤临摹，则是掌握其要领，明确其程序，实现能力提升的有效途径之一。

6.1　案例1——标间设计手绘表现图

本案例采用的工具、分类及方式如下。

工具：签字笔、水溶铅笔、水性马克笔、修改液、复印纸等。

分类：快速表现图。

方式：徒手。

步骤1 在设计构思相对成熟的基础上，确定表述策略（确立表现角度、透视关系、空间形体的前后顺序等），明确需要表述的重点（图 6–1）。

图6–1

步骤2 通常由整体的透视和比例关系入手，首先达成对主体对象的绘制，再以其为参照，绘制配景等次要对象；同时要注意线条的灵活运用，包括如何运用不同类型的线条塑造形体，并表现其质感（图6–2）。

图6–2

步骤3 着色的基本原则是由浅入深。通盘考虑图面整体色调，用水溶铅笔首先绘制出形体的过渡面（图6–3）。

图6–3

步骤4 采用不同明度、纯度的马克笔逐层、递进式地着色，不断强化和确定表述对象，拉开图面各部分间的明暗层次关系（图6–4）。

图6–4

步骤5 室内配景的着色，一般从处于视觉中心的对象着手。首先根据对象的色彩、材质属性，运用对象固有色，给予描绘物体以快速而整体的着色，建立对象全局性的色彩关系；再采用同色系、低明度的色彩绘制暗部，绘制时要考虑到物体的形体转折、材质肌理及光源等要素的表达（图6–5）。

图6–5

步骤6 在着色的过程中，要注意通过笔触的虚实、粗细、轻重等变化来表现对象的材质。对于空间中色彩、材质相近的物体，绘制应做到同步处理，以提高绘制效率（图6–6）。

图6–6

步骤7 处理地面时不宜画满，只需交代、表述出其质感特征，环境因素与光影关系等即可，其余部分则可进行留白处理（图6–7）。

图6–7

步骤8 绘制图面中其他相关配景时，大致交代其色彩、形体、材质及受光因素即可。初步绘制完成后，需对图面的空间层次、虚实关系等因素进行统一的调整，环境因素是重点考量的对象（图6–8）。

图6–8

步骤9 绘制高光。高光是一幅图的“点睛之笔”，有效的高光绘制能够进一步强化明暗关系、强调形态特征和明确材质属性。值得注意的是，在表现图中，有时会“违反常规”地在结构暗部点取高光，以满足设计信息表述的需要（图6–9）。详细过程见随书光盘“案例1”视频。

图6–9

6.2 案例2——过廊设计手绘表现图

本案例采用的工具、分类及方式如下。

工具：水溶铅笔、水性马克笔、修改液、复印纸、直尺等。

分类：快速表现图。

方式：徒手+辅助工具。

步骤1 根据设计表述内容的需要设定灭点、视高、视角等透视因素；运用直尺辅助绘制出空间的主要结构透视关系。线条应把握轻、重力度，以表现出不同形体的属性（图6–10）。

图6–10

步骤2 运用水溶性铅笔刻画木质纹理、主要结构的光影关系和空间细节特征（图6–11）。

图6–11

步骤3 进一步深入绘制空间细节结构，同时完成家具、植物等配景的绘制，整理、完善图面，形成设计线稿（图6–12）。

图6–12

步骤4 选择采用设计对象固有色的水溶性铅笔表现空间的“光

影关系”，同时辅助以对应色相的酒精马克笔加以渲染，使水溶性铅笔的“笔触” 柔和化、细腻化（图6–13）。

图6–13

步骤5 使用同一色相、不同明度的马克笔塑造形体因受光产生的色彩效果。对于玻璃材质的表达，应注意光的反射与折射效果的把握（图6–14）。

图6–14

步骤6 在用水溶性铅笔绘制纹理的基础上，运用“木色”马克笔迅速地“铺上”色彩，通过马克笔的快速运动及其色彩与水溶性铅笔的“融合”，以完成对木作材质的表现（图6–15）。

图6–15

步骤7 概括地添置植物配景，使用修改液点取“高光”，签名，一张表现图即可完工（图6–16）。详细过程见随书光盘“案例2”视频。

图6–16

6.3 案例3——园林设计手绘表现图

本案例采用的工具、分类及方式如下。

工具：尼龙笔、水溶铅笔、水性马克笔、修改液、复印纸等。

分类：快速表现图。

方式：徒手。

步骤1 在较为成熟的设计构想的指导下，运用尼龙笔从设计的“重点”、“要点”画起。注意：利用线条的力度变化塑造对象的空间关系（图6–17）。

图6–17

步骤2 依托绘制成型的“主体”，利用尼龙笔笔头的“弹性”，有“节奏”地刻画出生动的硬铺装道路（图6–18）。

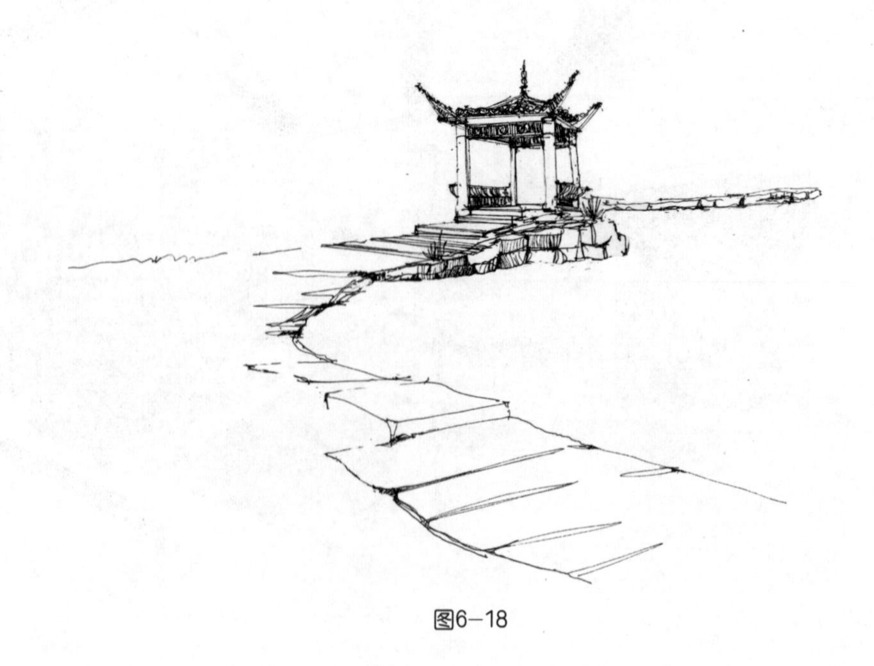

图6–18

步骤3 采用不同的力度、运笔方向与疏密相同的线条，画出近景的植物和水中的倒影（图6–19）。

图6–19

步骤4 对于处于图面较远处的景致，运笔应轻巧且富于跳跃，以概括性的手法进行绘制，不拘泥于细节的刻画（图6–20）。

图6–20

步骤5 采用更为简练的笔法绘制远方的山川、天际等，初步完成设计线稿（图6–21）。

图6–21

步骤6 由于空间较大、内容较多，可以采用一支（一组）马克笔绘制完所有相同（相近）色相的对象，以节省换笔时间（图6–22）。

图6–22

步骤7 绘制完设计“主体”之后，主要的工作体现在“绿植、花卉”等配景的着色上（图6–23）。

图6–23

步骤8 绘制路面、山石等硬质对象，运笔应注意速度、力度的把握（图6–24）。

图6–24

步骤9 水面或水体是园林设计常见的对象。绘制时，应关注运笔方向、反射和折射效果、环境影响等因素；既要丰富，又要避免“杂乱”（图6-25）。

图6-25

步骤10 整理和完善最终的图纸呈现，包括形体的补缺、构图的调整和主观性色彩的添加等（图6-26）。详细过程见随书光盘“案例3”视频。

图6-26

6.4　案例4——建筑设计手绘表现图

本案例采用的工具、分类及方式如下。

工具：针管笔、水溶铅笔、水性马克笔、修改液、马克笔专用纸等。

分类：快速表现图。

方式：徒手。

步骤1 运用针管笔绘制几条具有“指导”与“辅助”作用的透视线，用以界定建筑整体的形态走势，确立工作的“范围”和“区域”。从建筑“基层”画起的方法，是绘制建筑设计表现图的常见做法之一（图6–27）。

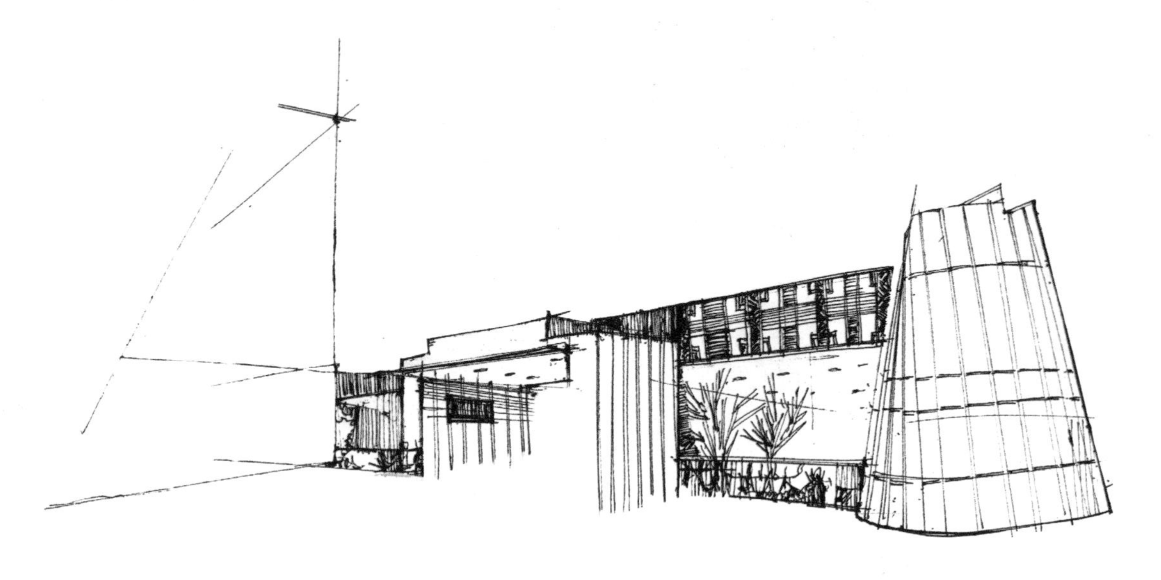

图6–27

步骤2 以建筑的“基层”为起点，运用刚劲、有力且硬朗的线条刻画建筑的其他部分。对于非主要设计对象的配楼，则采取概括的绘制方法（图6–28）。

图6–28

步骤3 运用相对弱化的线条，描绘主体建筑周边的设施（图6–29）。

图6–29

步骤4 添加绿植、花卉、水面等配景。注意：利用配景解决绘制过程中出现的“失误”（图6–30）。

图6–30

步骤5 运用色相相近的马克笔，快速地完成主体对象的基本色彩关系。应注意根据形体架构的需要把握运笔方向（图6–31）。

图6–31

步骤6 快速地“铺垫”出地面的色彩关系，使图面整体趋于完整和沉稳，奠定继续深入绘制的“信心”（图6–32）。

图6–32

步骤7 最好能够采用两种以上不同明度、纯度的马克笔绘制绿植和花卉，以产生富于层次与色彩变化的视觉效果（图6–33）。

图6–33

步骤8 采用相同色系、不同明度的马克笔分别绘制玻璃、水体和天空，应注意根据对象的不同而采取有区别的运笔方式与力度的把握（图6–34）。

图6–34

步骤9 审视全图，补足缺失的线条和色彩，并用毛笔蘸取白色水粉点取“高光”（图6–35）。详细过程见随书光盘“案例4”视频。

图6–35

6.5　案例5——景观设计手绘表现图

本案例采用的工具、分类及方式如下。

工具：针管笔、透明水色、尼龙水粉笔、辅助工具、水彩纸等。

分类：精确表现图。

方式：徒手+辅助工具。

步骤1 借助直尺，运用光影素描的技法，采用针管笔绘制设计主体。两点透视的运用凸显了对象较多的设计信息（图6–36）。

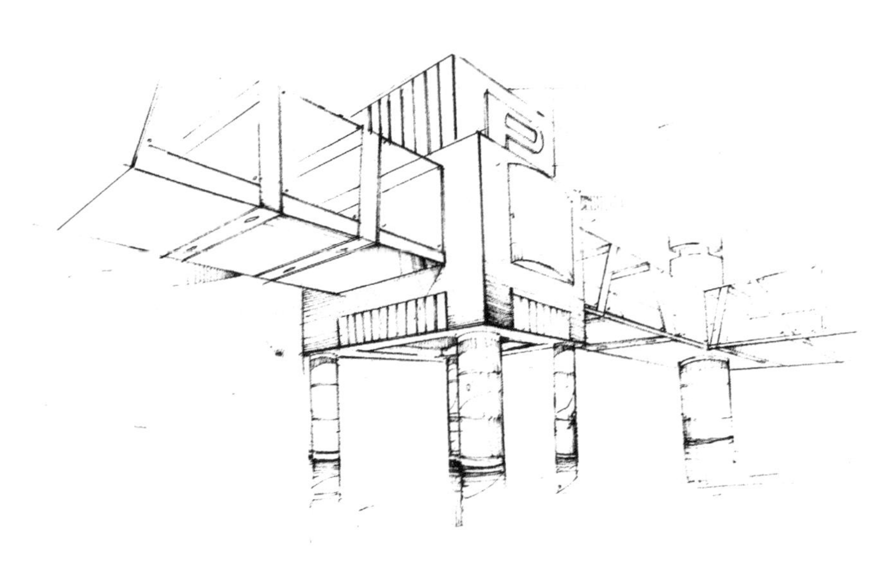

图6–36

步骤2 徒手快速地绘制出道路、车辆、绿植等配景。注意运笔的流畅、生动，以区别于主体建筑偏于理性的笔法（图6–37）。

图6–37

步骤3 借鉴中国水彩画、国画的渲染技法，充分利用透明水色的特质，使用毛笔大面积绘制天空、玻璃。注意其中“水分”的把握（图6–38）。

图6–38

步骤4 借助“界尺”，采用尼龙水粉笔，按照形体的结构、光影与材质属性等因素运笔，塑造要素较全的造型和色彩关系（图6–39）。

图6–39

步骤5 以大块的色彩处理绿植、人物等配景。采用勾线毛笔，蘸取白色水粉颜料，借助“界尺”，精确地刻画形体的转折和材质等信息（图6–40）。详细过程见随书光盘“案例5”视频。

图6–40

6.6 案例6——设施设计手绘表现图

本案例采用的工具、分类及方式如下。

工具：计算机、打印机、针管笔、马克笔、马克笔专用纸等。

分类：快速表现图。

方式：徒手+辅助工具。

步骤1 采用计算机辅助设计的手段（CAD），将形成的文件（透视图）打印在马克笔专用纸上。这种做法能够提供十分科学、精确的“透视图”线稿（图6-41）。

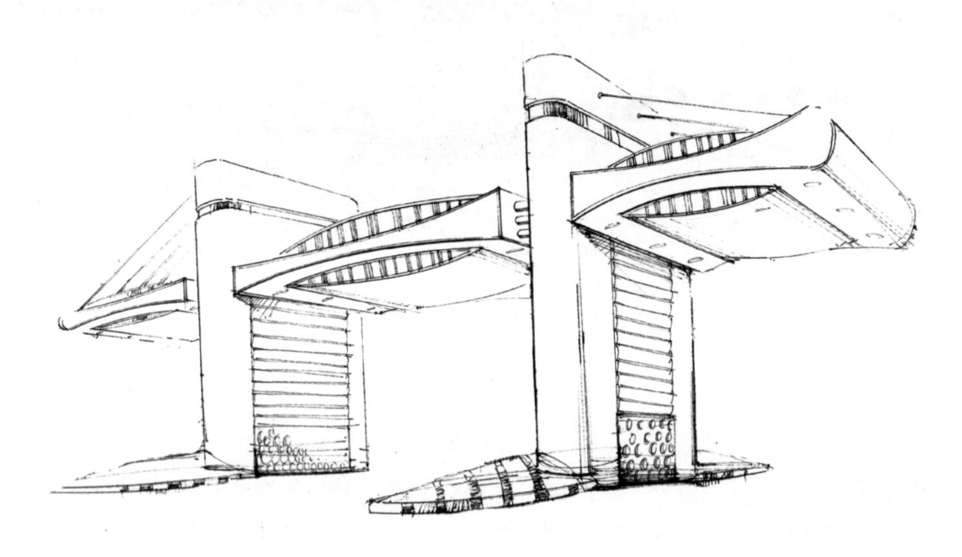

图6-41

步骤2 徒手绘制车辆、道路、绿植、天空等设施和配景。同时，采用针管笔绘制形体的光影并体现出质感（图6-42）。

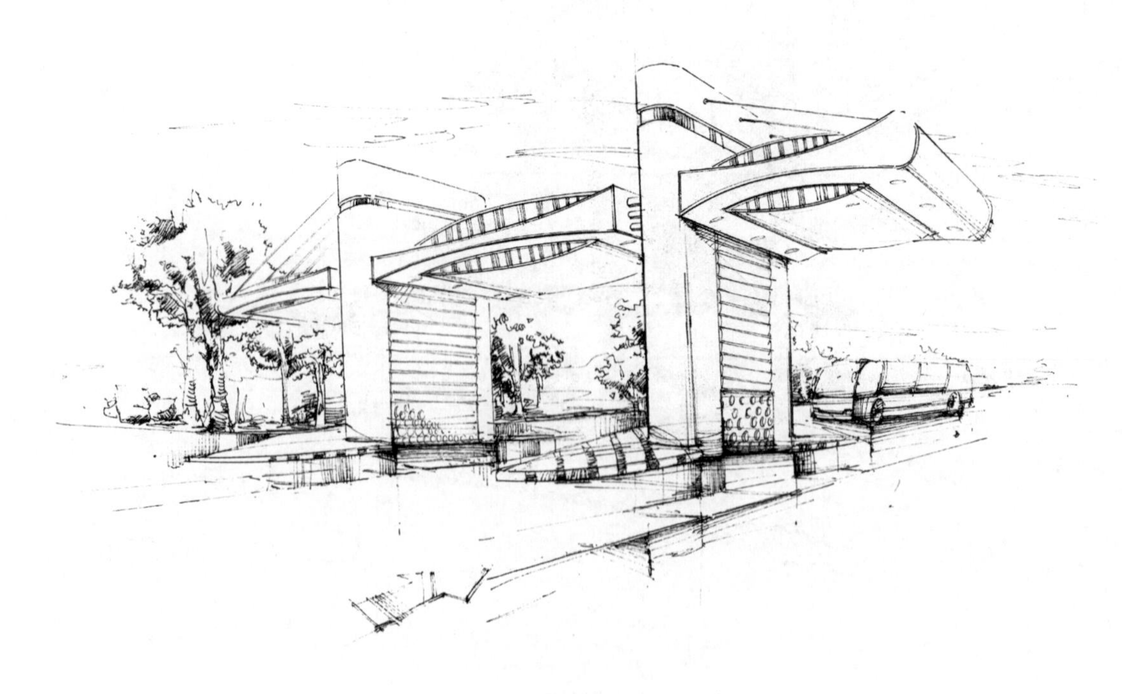

图6-42

步骤3 利用马克笔，采用“先整体、后局部”的着色方法，绘制主体及配景（图6-43）。

图6-43

步骤4 运用轻松、活跃的笔法，描绘远处的配景与天空形象。利用修改液完成最后的“点睛”之笔（图6-44）。详细过程见随书光盘“案例6”视频。

图6-44

小结

分步骤、循序渐进地学习绘制空间设计手绘表现图，是提升空间设计手绘表现图的绘制能力与水准的重要途径。在学习中，有效地结合相关知识以及对于方法论的认知，是应该予以重视的策略。

习题

1. 按照分步骤图与视频的指导，绘制6张空间设计手绘表现图。
2. 说明每张表现图应用到的相关学理和方法。

第7章 设计表述——解析篇

教学目标

通过一定数量的案例讲评，消化、理解与掌握空间设计手绘表现图的内涵、学理和方式、方法。

教学重点

案例绘制显著特征的归纳与总结。

教学难点

图文并茂地剖析各类案例绘制方式的异同。

7.1 室内手绘表现图典型案例解析

图7–1是绘制于复印纸上，采用一次性针管笔徒手画出的线稿。利用一次性针管笔笔头的弹性，勾画出轻重缓急的线条，并注意重点结构的“强化”处理。

图7–2是基于对快速表现图的绘制考虑，采用酒精马克笔仅在重点部位做“点缀式”的着色，适可而止，力求达成绘制效率的原则。

图7–3中的一点透视是绘制空间设计常见的、简单易行的透视方式。为了增强图面语言的丰富性，可以有意识地添加“成角”的家具、植物等配景。

一般而言，空间设计的色彩选择应具有一定的倾向性，即暖色调、冷色调或中性色调。一旦确立了空间的整体色调，该色调将成为图面中大部分对象的首选色相（图7–4）。

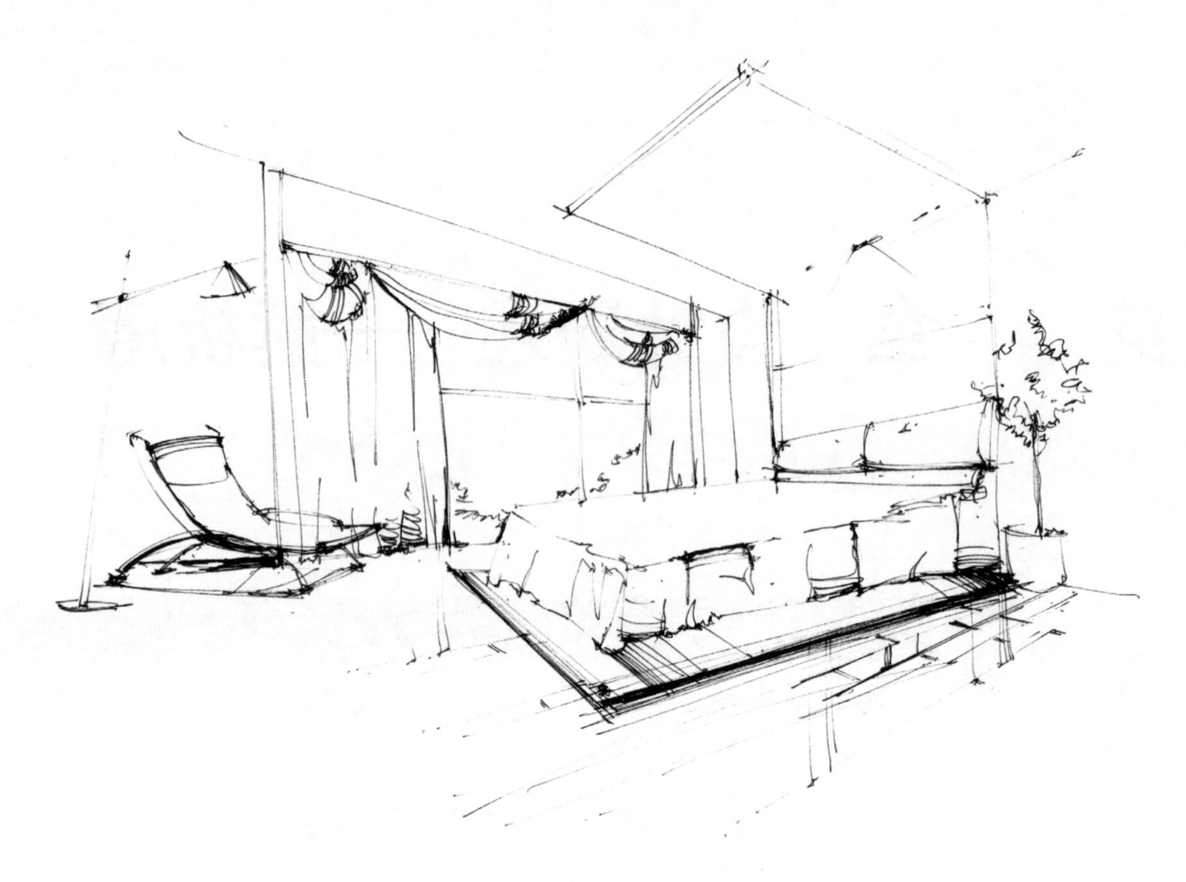

图7-1

图7-2

图7–3

图7–4

如图7–5所示，线稿的绘制应充分运用线条语言表述设计构想，包括材质的描绘、对象结构的塑造、形体走势的刻画等。

采用酒精马克笔着色，色彩是一笔一笔绘制的。为了获得相对整体的色彩感受，着色工作应该快、稳、匀（图7–6）。

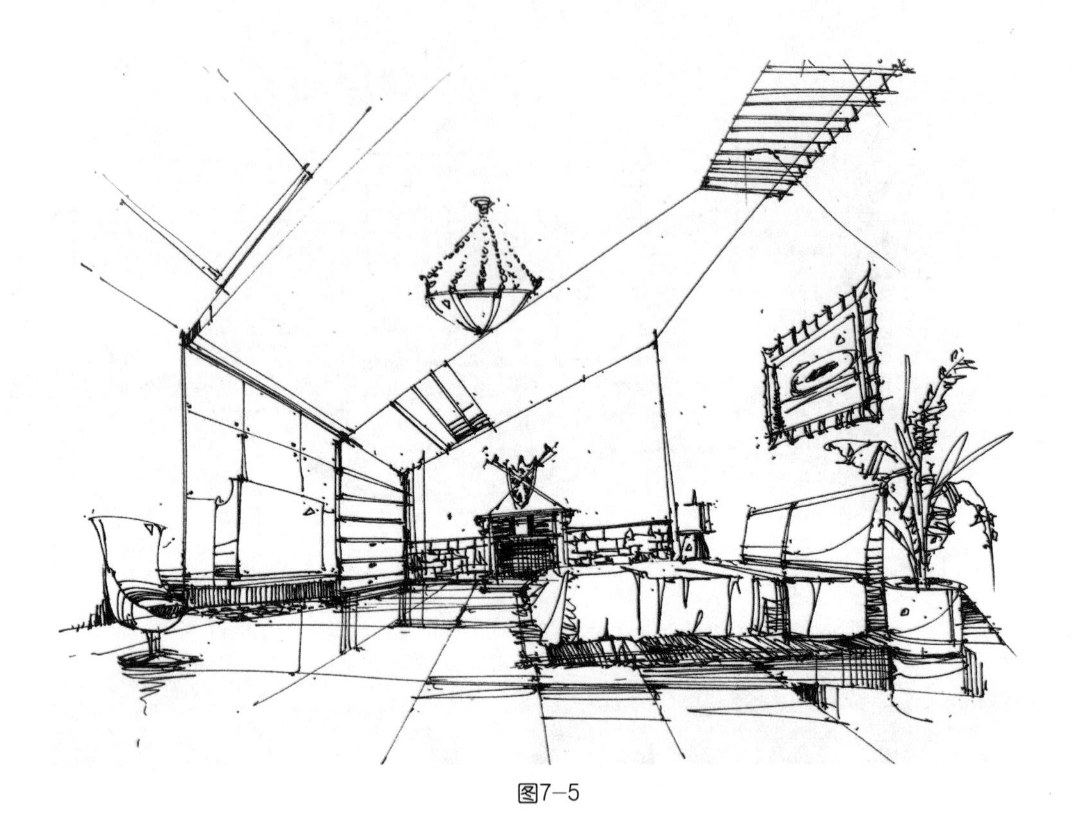

图7–5

图7–6

利用两点透视绘制空间设计，图7–7尽管可能会出现部分设计信息无法清晰说明的问题，但在图面的视觉感受上要略优于一点透视，也更符合人们的一般观察习惯。

采用水溶性铅笔与马克笔匹配使用，是一种常见的着色方法。这种方法的特点在于，它充分利用了水溶铅笔与马克笔的不同表述效果及其“合力”之效（图7–8）。

图7–7

图7–8

图7–9绘制于工程图纸之上，是对空间设计手绘表现图“工程性”的具体诠释。同时，纸张选择的多样性也说明了绘制空间设计手绘表现图的随遇性、偶发性等特点。

图7–10所采用的工程图纸吸水性很强，着色工作应充分把握和利用这一特点来表述不同对象的“材质”。

图7–9

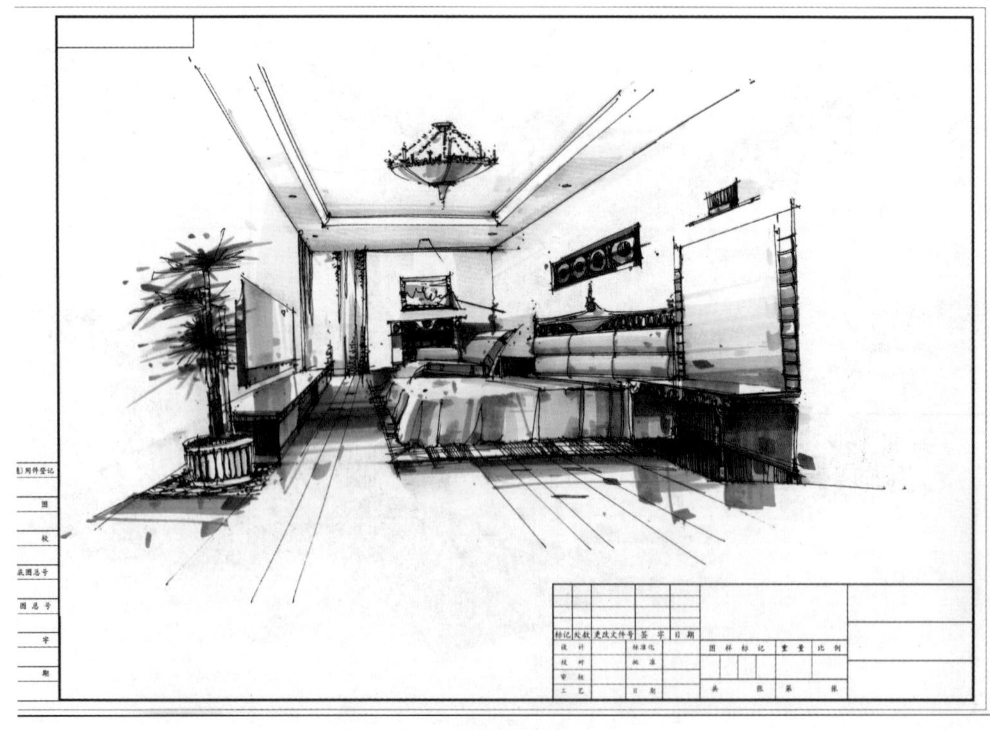

图7–10

在实际工作中，空间设计手绘快速表现图线稿的作用和地位十分重要，着色工作只需提供大致的色相与材质信息即可（图7−11）。

图7−12是采用计算机辅助设计手段完成的作品。依靠事先采集的床、椅及植物“图库”，利用图像处理软件（PHOTOSHOP）“拼凑”而成。

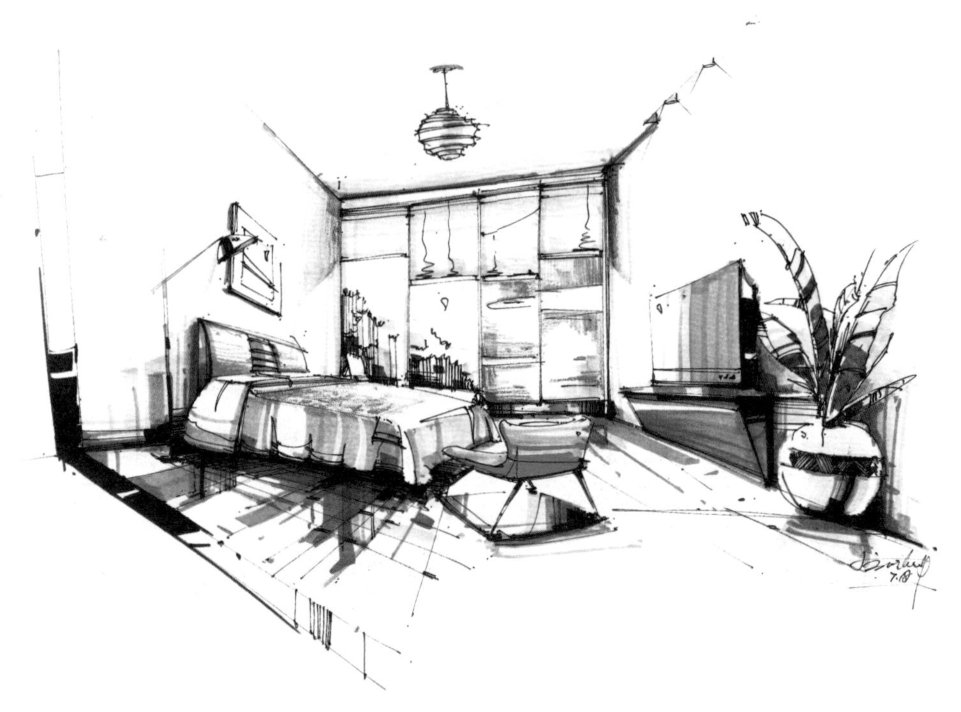

图7−11

图7−12

图7—13为绘制空间设计手绘快速表现图，应注意空间关系的营造，要把握远近不同景致处理“精度”的差异。

图7—14是一张利用尺、规等辅助工具完成的较为精确的手绘表现图。这类表现图绘制的价值集中体现在造型能力与表述经验的提升和总结，为快速表现图的绘制打下坚实的基础。

图7—13

图7—14

图7–15绘制于有色的康颂水彩纸上，采用“透明水色+辅助工具”的着色方法，旨在提高学习者运用不同工具进行表述的能力。

为了在有限的纸面空间内表述出更多的信息，同时也便于表达空间的“主次关系”，表现图可以采用“虚实结合”的手法处理图面信息（图7–16）。

图7–15

图7–16

图7－17充分利用水溶铅笔与马克笔相互“融合”的特点，通过不同力度与笔法的运用，能够有效地完成对地毯、木质与墙面等对象材质的表现。

借助辅助工具，较为精确地绘制表现图，是实现绘制技能提升与积累绘制经验的重要途径与手段（图7－18）。

图7－17

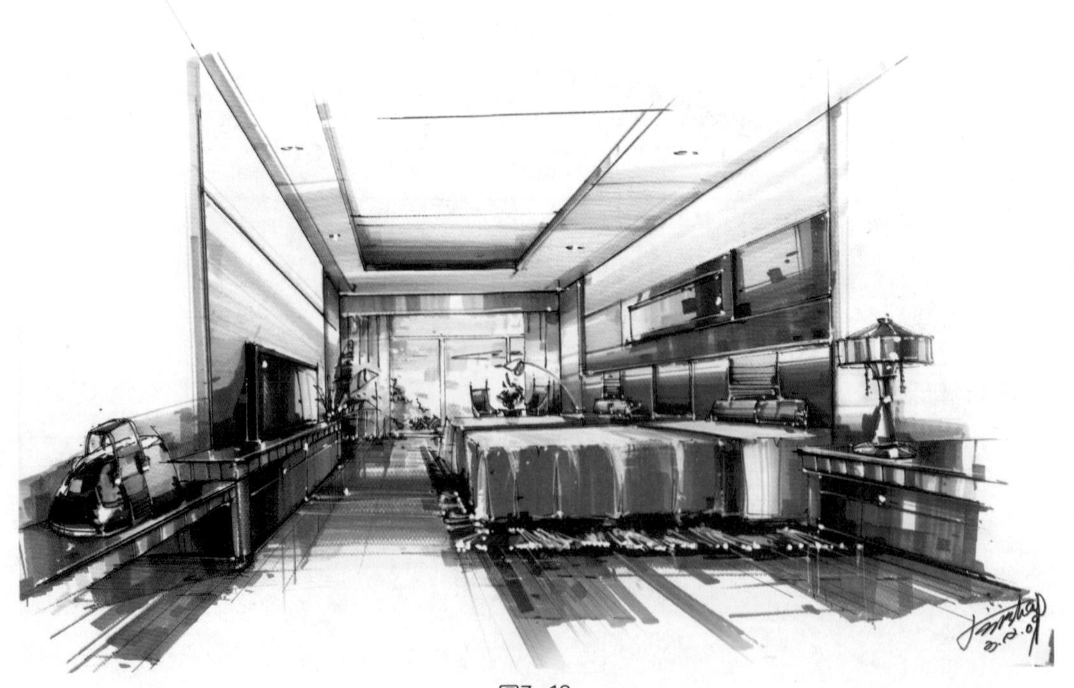

图7－18

对于相对复杂的空间场景的表述，由于设计对象多、结构繁杂等因素的存在，线条难免出现交叉、欠缺等现象。“预留原则”是解决这一问题的重要举措（图7–19）。

在进行进深尺度较大的空间设计时，重点的着色区域一般集中于图面的“中景”，极远或极近的对象应进行相应的“弱化”处理（图7–20）。

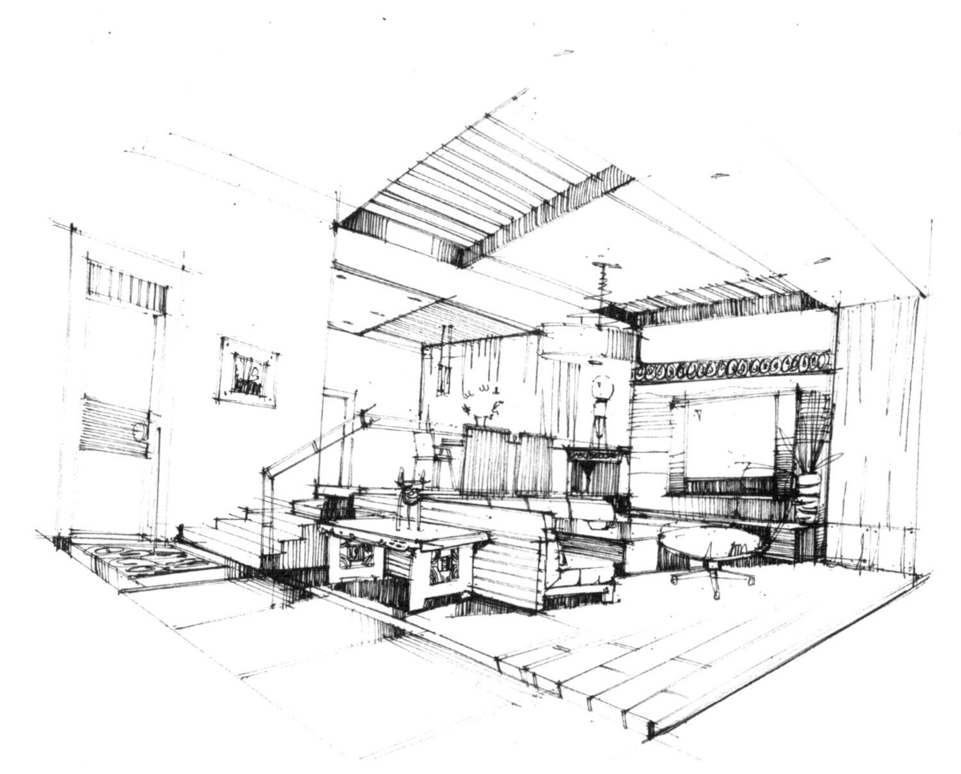

图7–19

图7–20

图7–21为绘制表现图的线稿，在时间允许的前提下，应花费一定的时间用于刻画设计对象材质，为接下来的着色提供良好的“基础”。

鉴于线稿对于设计用材的表述，着色工作只需以材料固有色的马克笔与高光笔“配合”即可完成（图7–22）。

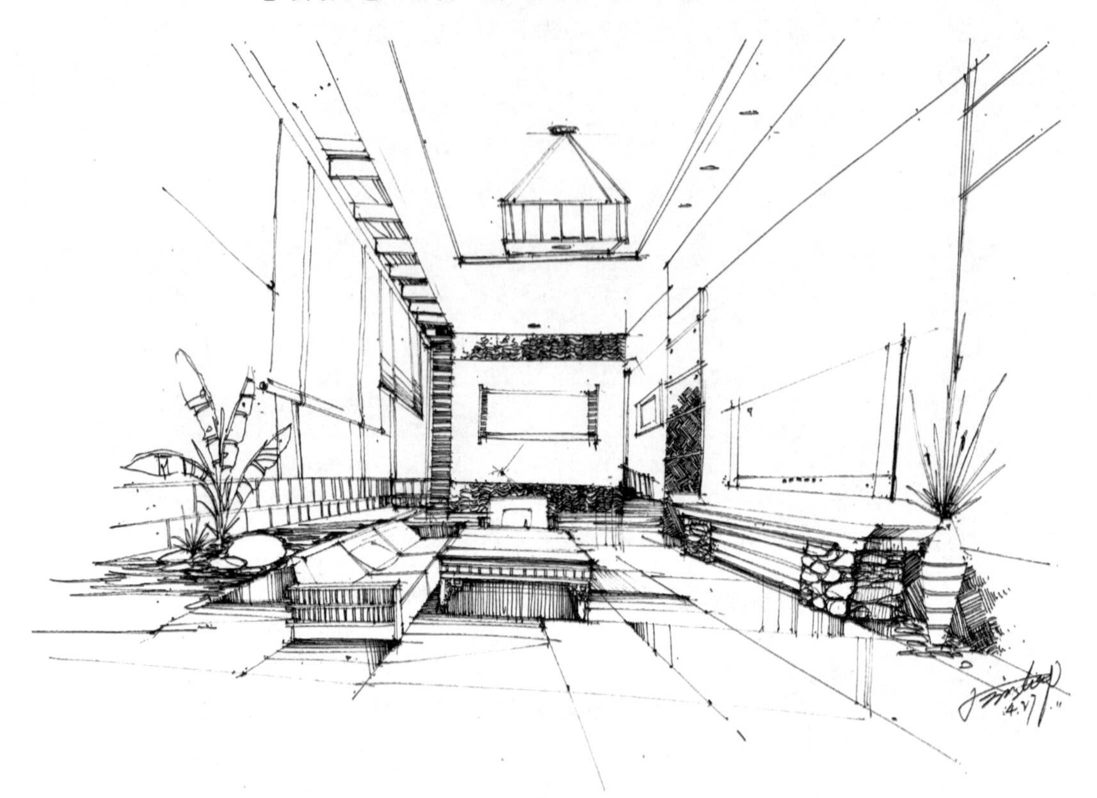

图7–21

图7–22

图7-23是采用针管笔辅以直尺完成的图稿。为了将设计信息尽可能多地展示出来，在构图时，有意将近处（遮挡视线）的墙“隐去”，而只保留了墙体的剖面。

图7-23

采用酒精马克笔着色，运笔的方向大致有两种走向：一是形体的透视方向；二是形体的结构方向（图7-24）。

图7-24

如图7–25所示，根据设计中大量使用“木材”的需要，作者着意采用了不同的力度、笔法描绘材料的肌理，并注意“材质”与“结构”用线的区别。

因为酒精马克笔的着色往往具有“渲染”的效果，所以很多形体结构的清晰表述需要反复强调。常见的做法是，等第一遍色彩干了，再采用“提亮形体”或“压暗环境”的做法，强化对象形体的轮廓（图7–26）。

图7–25

图7–26

为了提高绘制的效率和准确性，实践中经常采用徒手和辅助工具相结合的方式进行绘制。徒手，主要是绘制“曲线化”的对象，如灯具、家具和植物等；采用辅助工具，主要是针对空间建筑结构和精确造型的绘制（图7–27）。

对于面积相对较大的对象，着色工作易采用快速平涂的方式，以求利用酒精马克笔颜料的“自我融合”，形成所需的整块色彩。但要注意把握笔触宽、窄、点、面等因素的配合（图7–28）。

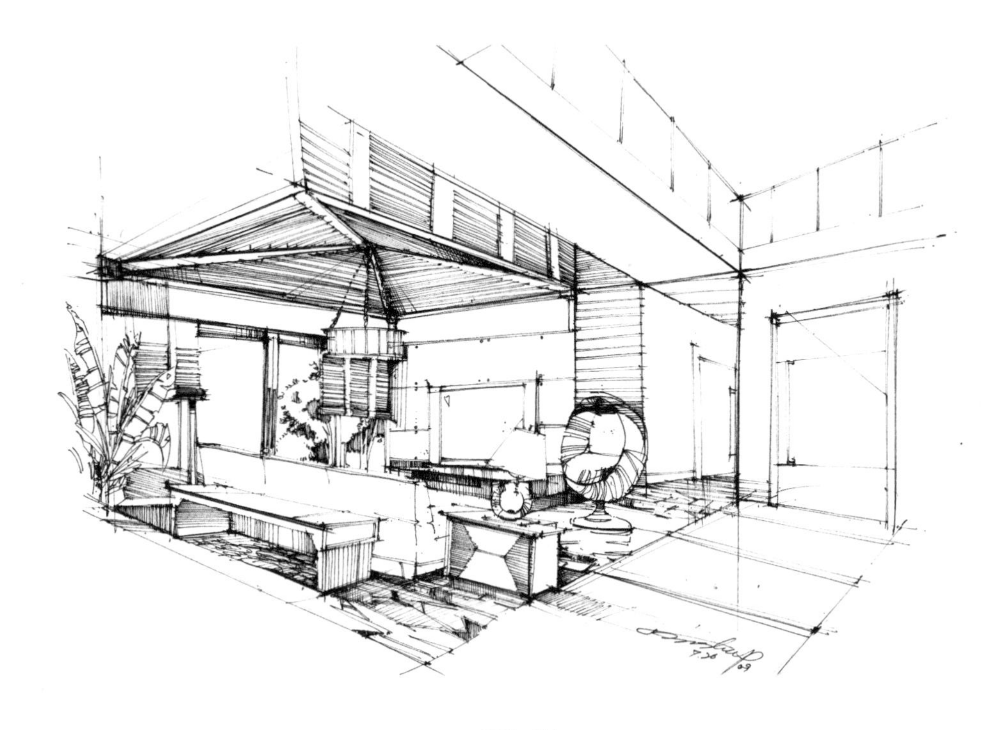

图7–27

图7–28

图7–29中对材质的肌理表述，除了采用线稿勾勒以外，利用马克笔笔触间的色彩重叠现象，也是绘制特定木材纹理的方法。

图7–29

图7–30采用针管笔、水彩笔，借助“界尺”等辅助工具，绘制于水彩纸上。由于水彩具有良好的“渲染”特性，特别适合表现地毯的纹理、石材的脉络和植物的叶片等。

图7–30

图7-31借助尺、规，采用尼龙水彩笔按照形体的“走势”运笔，“排出”其色彩关系，并利用笔端颜料的逐渐减少，产生所需的“光感”。

图7-31

为了矫正、消除一点透视形成的图面效果呆板这一缺陷，图7-32根据需要进行适当调整。方法之一就是改变一组结构线的透视方向（增设一个虚拟灭点）。

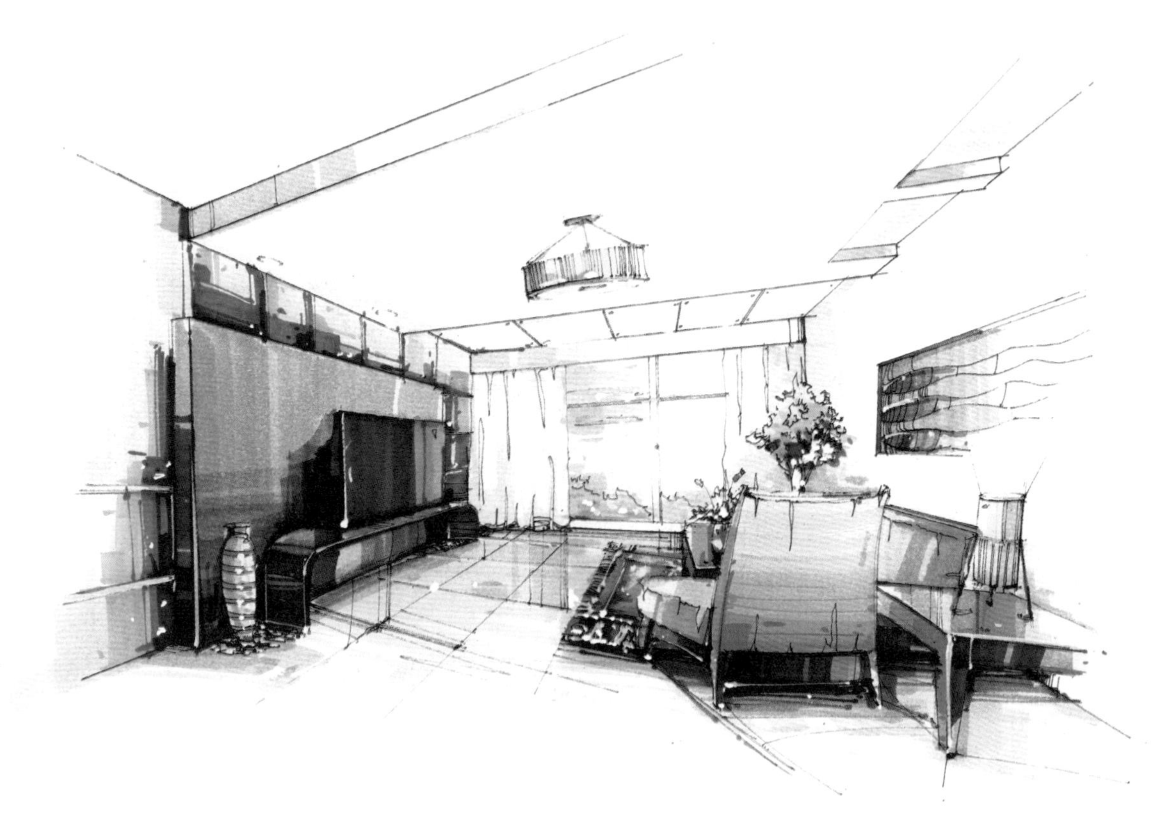

图7-32

为了增强线稿的视觉感受，避免出现轻、薄等现象，可以采用“块、面”结合的绘制方法予以表述（图7-33）。

在运用酒精马克笔着色时，要特别注意色彩叠加效果的运用。往往一支笔，经过几次重复着色，便会产生不同的色彩明度与纯度（图7-34）。

图7-33

图7-34

图7–35运用直径0.1mm的签字笔，“精细”地刻画出设计形态、材质与光影关系。由于该图是一处休闲空间设计，因此用笔应轻松、流畅、充满细节。

在材质表现上，充分利用了水溶性铅笔与酒精马克笔的不同表现特性，丰富了色彩语言。其中，水溶性铅笔着重绘制形体的“受光面”、“反光面”；马克笔侧重刻画“过渡面”和“明暗交界线”（图7–36）。

图7–35

图7–36

图7–37充分利用彩铅笔头的可塑性特征，通过不同的运笔力度、运笔方式，采用“铅笔素描”的造型方式绘制线稿。

由于线稿有着较为丰富的线条语言，马克笔的着色只需把握住光影产生的变化。需要说明的是，彩铅绘制的线稿最好经复印之后再着色，以免造成色彩的脏乱（图7–38）。

图7–37

图7–38

图7–39所示线稿的绘制虽然受制于绘画技能与表述技巧，但一个优秀的设计理念才是决定最终线稿效果的关键。优秀的设计理念+高超的设计表述=良好的设计开端。

“留白”是空间设计手绘表现图常见的手法，其目的在于：一是绘制效果的要求；二是光影关系、材料属性等因素使然（图7–40）。

图7–39

图7–40

办公空间的表现一般呈现出宁静、严谨的氛围。为了“突破”这种思维定式，图7–41充分利用马克笔的笔触变化，并结合彩色铅笔的局部塑造，力图营造出活跃、轻松的办公气氛。

图7—41

图7—42是典型的记录性表现图，重在传达设计者对于卫生间设计的瞬间灵感与快速的视觉呈现。

图7—42

绘制空间设计手绘表现图，熟练地掌握每种主流设计风格、流派的特征性语言和符号十分必要。它是手绘语言具有“通识性”的关键因素，也是提升绘制效率的重要依托（图7–43）。

在图7–44中，空间呈现的整体色彩关系与色调主要取决于设计要求、理念诉求、风格特征、绘制工具及绘制者个人等因素。

图7–43

图7–44

图7-45采用一次性针管笔绘制线稿，在地毯与窗帘处运用了较多的“笔墨”，这样做一是材质塑造的要求，二是形体结构的需要。

由于空间属性的设计需要，图面采用了低明度的色彩处理。同时，大面积的暖色材质设计，使得空间各处（冷色材质）均“渗透”了不同程度的红、黄等色相（图7-46）。

图7-45

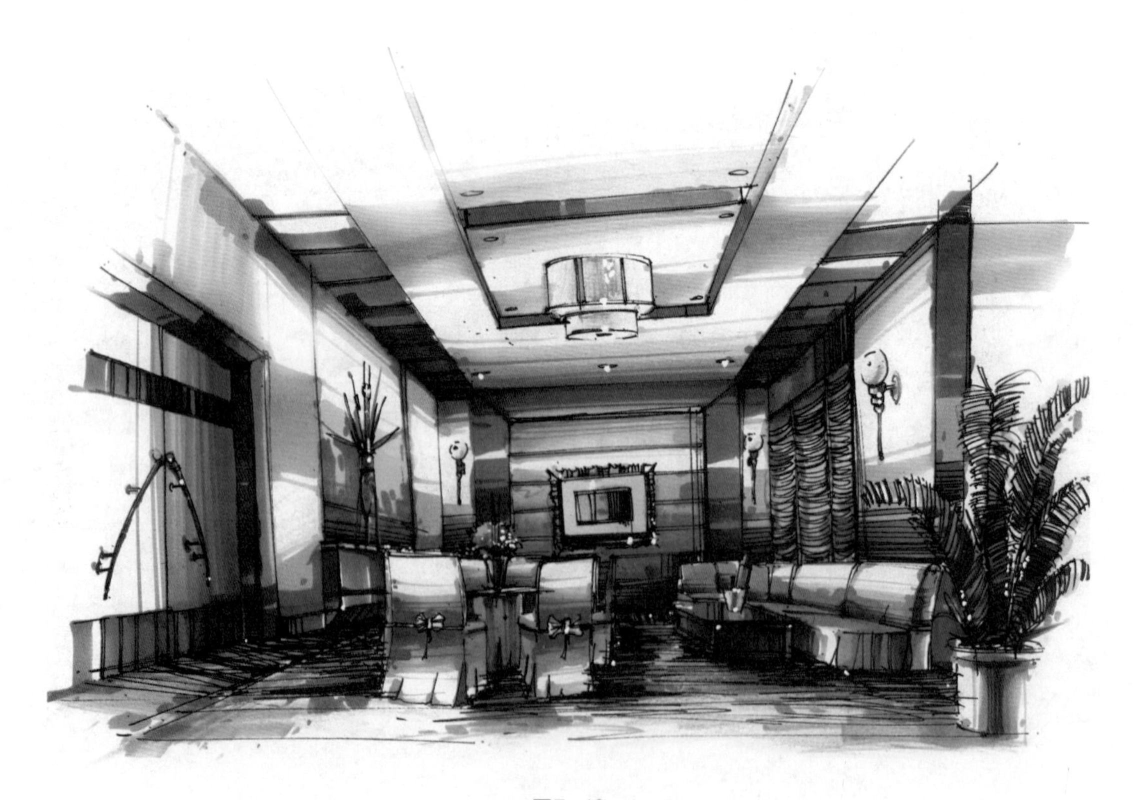

图7-46

图7-47为休闲空间的设计表述，线稿的绘制应该是流畅、轻快且结构清晰的。同时，相关的工程知识既是绘制工作的必备基础，也是绘制应该予以展现的内容。

在特定空间的色彩表述上，该类型空间的色彩配置要求是着色工作的基础。同时，充分发挥每种表现工具的特性，是绘制结果又快、又好的前提（图7-48）。

图7-47

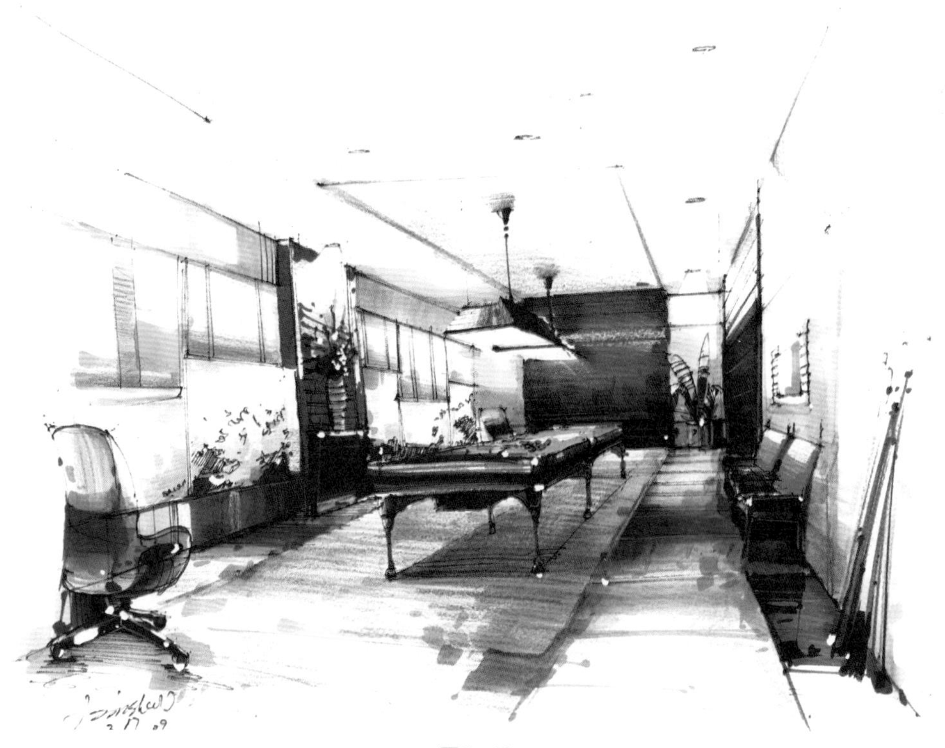

图7-48

对于难觅一条直线的曲面空间，确保绘制相对准确的重要依托是“绘画”基础，尤其是良好的设计素描功底（图7-49）。

对于空间尺度较大的手绘表现，着色刻画的重点是图面的中景区域。在保证对象固有色的基础上，少许环境色的点缀会获得较好的视觉感受（图7-50）。

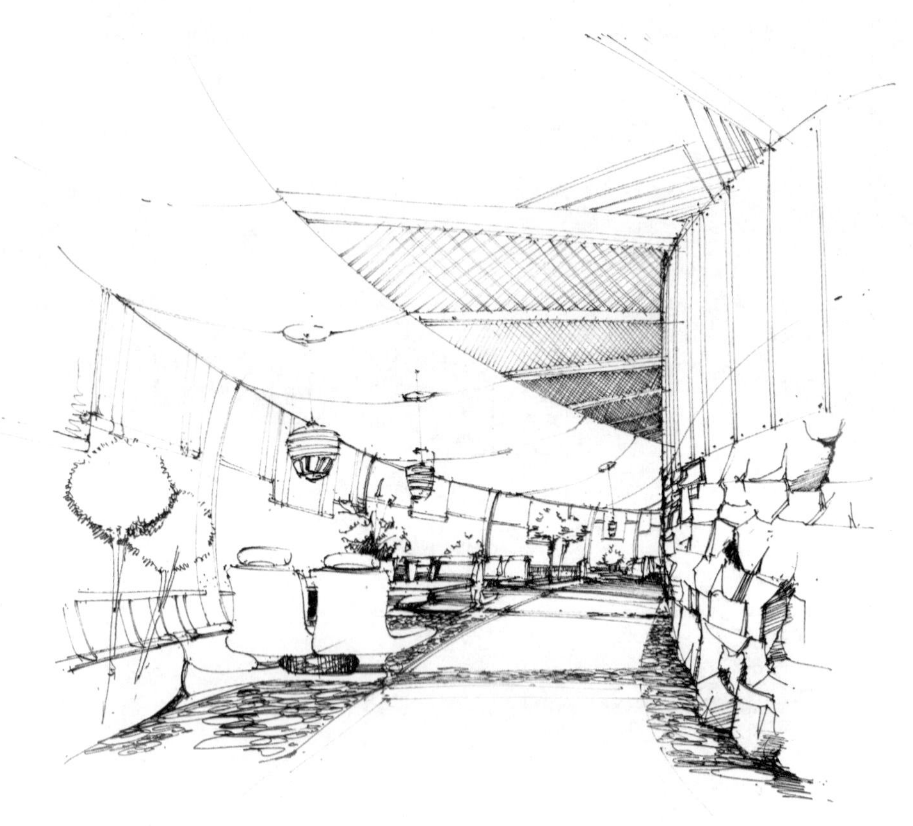

图7-49

图7-50

图7–51采用针管笔绘制于水彩纸上进行线稿的创作，着色工作主要是由尼龙水彩笔、透明水色和界尺、白水粉共同完成。其中，尼龙水彩笔、透明水色是主要工具；界尺、白水粉是用来辅助勾线和绘制高光。

图7–51

采用尼龙水彩笔、透明水色的着色技法时，色彩是一笔一笔绘制的，缺少空间必要的“微妙”光影变化，而借助适宜的辅助工具（喷笔、喷泵）则可弥补这一“不足”（图7–52）。

图7–52

由于透明水色具有较高的透明度，对于设计造型而言，线稿的绘制和用白水粉勾画高光线显得尤为关键与重要（图7–53）。

图7–53

利用透明水色的颜料特性，采用水彩画渲染技法，是描绘石材、木材等带有纹理材料的有效方法（图7–54）。

图7–54

空间设计手绘表现图有别于一般工程图纸的突出特点是它的“艺术性”。其对于主要设计对象的绘制，不惜重彩；而对于非主要对象（包括配景等），则会采用“虚化”的处理手法。由此便完成了图面中主次、虚实等关系的构建（图7–55）。

图7–55

在绘制快速表现图时，虽然徒手是主要的工作形式，但并不排斥“辅助工具”的使用。对于客户或其他设计参与者而言，人们只关心“结果”的优劣，没人会纠结于以何种方式完成（图7–56）。

图7–56

对于相对大型、复杂的空间设计绘制工作，出现一个别的瑕疵、纰漏，均属正常，而减少绘制失误的一个主要办法就是借助“辅助点”。“辅助点”包括透视关系辅助点、形体转折辅助点、结构交错辅助点、形体方位辅助点等（图7–57）。

运用酒精马克笔完成大尺度空间的着色，主要应把握三个关键要素：一是色相的相对统一，确保空间呈现所需的色彩氛围；二是高纯度的色彩应集中于中景对象的绘制，以满足色彩的空间诉求；三是补色的运用要控制数量与纯度，避免因喧宾夺主而破坏图面的“整体”性（图7–58）。

图7–57

图7–58

图7–59是一张精确表现图。采用针管笔绘制于有色水彩纸上，以透明水色、白色水粉、界尺为主要着色手段。绘制该图的目的不在于表述设计理念，而是关注于绘制技法的提升与绘制经验的总结。

图7—59

为了获得丰富的绘制经验，提高设计表述的应变能力，拥有个性鲜明的表述语言，设计师要敢于尝试运用多种技法、各式工具解决设计表述中的问题（图7—60）。

图7—60

7.2　景观（园林、建筑）手绘表现图典型案例解析

相对于室内空间设计，景观（园林、建筑）设计具有空间尺度大、内容繁杂等特点。从绘制“小作品”做起，慢慢过渡到对整个“场景”的描绘，是掌握此类手绘表现图绘制的重要策略之一（图7—61）。

绘制景观（园林、建筑）手绘表现图线稿，首要工作是把握不同表述对象用线方式的差异。一般情形下，表述人工造物，易用相对“理性”的线条；对于自然景致的塑造，则应采用偏“感性”的线型（图7—62）。

由于景观（园林、建筑）手绘表现图重在“表现”，因此不必完全拘泥现实景观（园林、建筑）的色彩关系，采用适当夸张、强化的着色方法较为常见（图7–63）。

图7–61

图7–62

图7–63

对于以“设施设计”为主体的景观（园林、建筑）快速手绘表现图，树木、花卉和水体造型等均处于“配景”地位，描绘出基本的位置、轮廓即可（图7-64）。

依据上述分析，主要的着色工作应集中于“设施”主体，而配景的色彩表述，只需点到为止即可（图7-65）。

图7-64

图7-65

在景观（园林、建筑）手绘表现图的绘制中，经常涉及诸如竹子、盆栽、景观石等景致的描绘。对这类对象的绘制应把握适度的原则，即能够传达“意义”即可，不必做更多、更精细的刻画，以免掩盖了“人造物”的存在（图7–66）。

对于诸如竹子、盆栽、景观石等景致的着色，多以“渲染”的方式来完成，对象的特征、体积感、色彩关系等因素是表述的重点（图7–67）。

图7–66

图7–67

景观（园林、建筑）手绘表现图往往需要表述的内容较多，作为手绘方式不可能也不应该事无巨细地绘制。对于空间信息的适当取舍，既是绘制效率的要求，也是图面构图的要求（图7–68）。

对色彩色相、纯度、明度等要素的合理把控，是架构空间尺度与位置关系的重要手段。马克笔的色彩纯度较高，适合表现近、中景对象；水溶性铅笔的色彩纯度较低，主要用于刻画远景物象（图7–69）。

图7–68

图7–69

以“自然物象”为主体的景观（园林、建筑）手绘表现图，对于一些树种、植被与花卉基本知识的掌握至关重要。最为重要的是，能够以简练而快速的线条语言，将其特征和属性相对准确地表述出来（图7–70）。

大面积树木、植被着色工作的要点在于，要善于利用酒精马克笔和水溶性铅笔色相、纯度与明度的不同，刻画出各种景致对象的空间层次关系（图7–71）。

图7–70

图7–71

对于超大尺度景观（园林、建筑）手绘表现图的线稿绘制，难点在于透视点的设定、虚实关系的处理、主次关系的协调以及取舍尺度的把握，既要符合人们一般的视觉习惯，又不可面面俱到（图7–72）。

运用酒精马克笔进行着色，远处的对象应关注色彩的整体关系，近处的景致应把握色彩的结构关系（注意色彩细节的绘制）（图7–73）。

图7–72

图7–73

就目前设计表述的手段而言，建筑手绘快速表现图的意义在于捕捉瞬间的“建筑感受”，传递及时的“建筑示意”，而不在于对“感受”与“示意”的科学与理性论证（图7–74）。有别于单纯的园林着色，建筑手绘表现图的着色更强调建筑的工程属性。运用马克笔时，应快速、整洁且充满力度（图7–75）。

图7–74

图7–75

较之签字笔的快速表现图线稿绘制，采用一次性针管笔绘制的建筑表现图，线稿的线条变化更为丰富，对象属性刻画得更深入，明暗关系更显著（图7–76）。

鉴于建筑设计的色彩往往较为单一，有时可以在配景的着色上“下工夫”。通过树木、池水等配景的色彩渲染“调节”气氛，丰富图面语言（图7–77）。

图7–76

图7–77

在绘制建筑设计手绘表现图线稿时，应注意各种线型的运用。一般来说，表述形体轮廓的线型较粗；表现形体结构走向的线型次之；刻画材质、光影的线型则应更具有韧性（图7-78）。

在确立了表述对象的固有色后，一般会围绕该固有色，选择不同明度的两支马克笔，用以满足对象受光后色彩变化的表述需要。在此基础上，尽量发挥马克笔笔头的特点，有意识地画出面、线和点，进一步丰富色彩语言（图7-79）。

图7-78

图7-79

深入生活的实地写生，一方面有助于锻炼手、眼的协调控制能力；另一方面会提升绘制者的观察与概括能力；更为重要的是，可以积累大量的绘制经验，为独立设计打下基础（图7–80）。

图7–80

对于具有典型文化气质的建筑设计，应在前期广泛地涉猎相关的知识，这些知识储备对于绘制者而言极为重要。这种知识既可来源于书本，亦可源于对生活的观察、总结（图7–81）。

图7–81

对于记录性表现图，由于时间、设备及环境等条件的制约，为了客观、准确地“记录”对象，往往是多种手段、技法的综合运用（图7–82）。

图7–82

快速表现图是设计实践中应用最为频繁、广泛的表述形式。因追求绘制效率，一般只会对设计主体目标予以重点刻画，其他对象则会采用概括、省略等方式绘制（图7–83）。

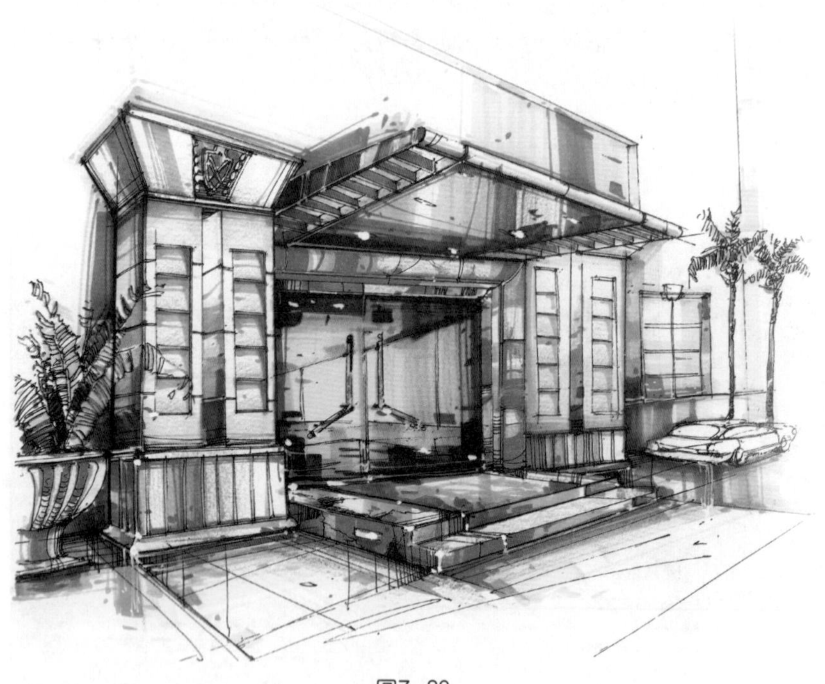

图7–83

为了能够迅速地将CAD辅助设计图“转化”为色彩表现图，绘制者多会采取将CAD透视图打印出来，将其作为线稿，然后再予以相应的着色处理。而着色工作只要大致给出设计方案的色彩关系即可，不必精雕细琢。全要素的表现图可由计算机辅助完成（图7–84）。

图7–84

图7–85综合运用了透明水色技法和喷笔技法。透明水色技法主要用于绘制建筑主体、地面和树木；天空的表现主要是由喷笔技法完成。

图7–85

图7–86采用大视角、低视点的透视，是绘制建筑设计表现图常见的手法，目的在于凸显建筑物的宏伟气势。在着色上，由上至下，色彩明度依次降低，以形成图面稳定的视觉效果。

图7-86

下面一套针对公共设施设计的手绘表现图。图7-87、图7-88采用工程视图的表述方法，着色是点到为止，强调的是“尺度概念”和“结构关系”；图7-89采用透明水色及马克笔的综合技法，通过大面积的“背景”渲染来表述信息。

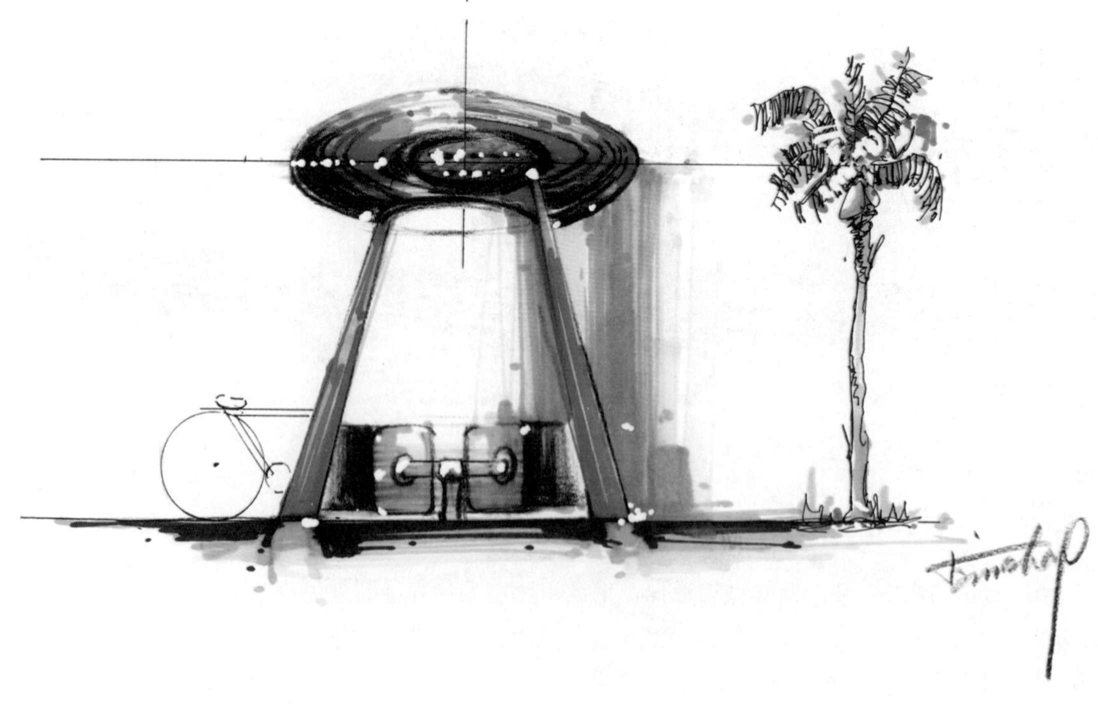

图7-87

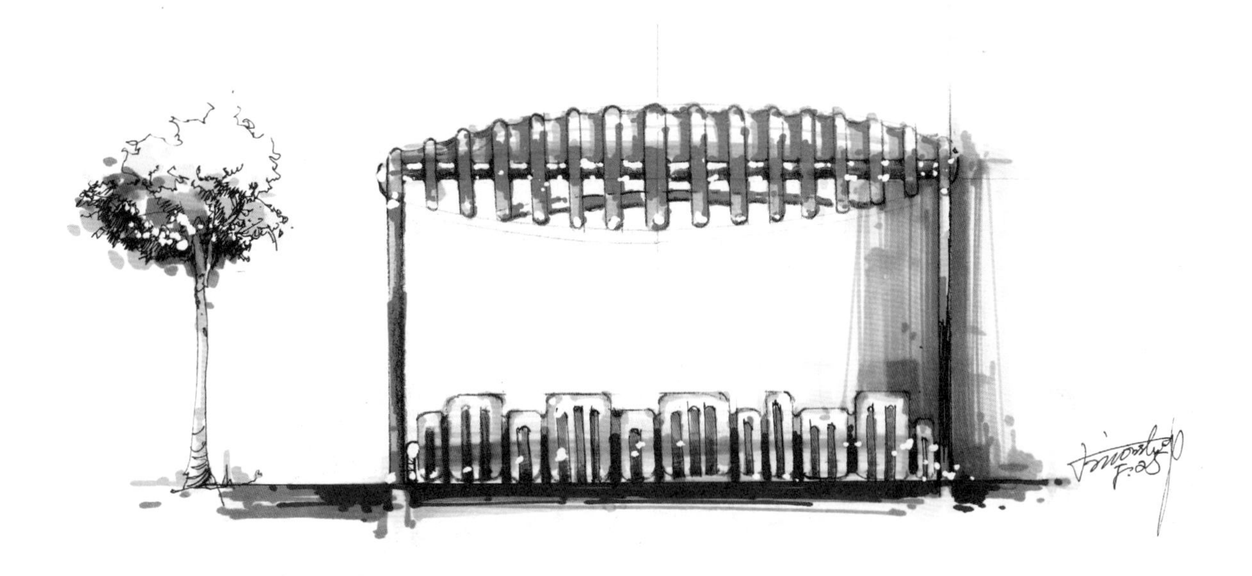

图7–88

图7–89

图7–90采用针管笔借助辅助工具绘制线稿，以透明水色和白色水粉颜料作为着色手段。借助界尺、模板等辅助工具，彰显设计的“工程感”；利用透明水色的层层渲染，营造出雨后天晴的图面效果。

图7-90

小结

空间设计手绘表现图绘制能力的打造与提升，是一个众多因素合力作用的结果，很多绘制方法都是长期工作的总结和积累。在平时的学习、工作中，我们应注意结合自身实际情况，采取正确、恰当的学习方法，并配合以相关学理的认知与掌握，才能使绘制水平得到不断的提高。

习题

1. 按照空间类型的不同，各绘制作业3张。
2. 按照表现工具的不同，各绘制作业3张。